多々良明夫著

チャノキイロアザミウマ

おもしろ生態とかしこい防ぎ方

農文協

まえがき

この「おもしろ生態とかしこい防ぎ方」シリーズでは過去にミナミキイロアザミウマ（一九九四年）とミカンキイロアザミウマ（一九九八年）の二種類のアザミウマを取り上げている。本書でアザミウマは三種類目、シリーズでは三番目の登場となる。しかし害虫としての来歴をいえばチャノキイロアザミウマは一番の古株で、被害も早くから伝えられていた。現在も、チャやカンキツ、ブドウ、カキを中心に盛んに防除が行なわれ、おそらく三種の中では農薬の使用量も一番多いはずである。

その割にこの虫の生態について農家はあまり知らないのではないだろうか。効果の高い農薬が次々と開発され、それをつかえば生態など知らなくても防除できたのと、またあまりに小さくて発見しにくいという事情もあっただろう。見えないから見ないし、見なくても防除できたから、さらによく見ないという状態がずっと続いてきたのである。

でも、そのことが、逆に本種を難防除害虫にまで仕上げる要因になったのではないか、と考えている。新薬の開発と抵抗性とのイタチごっこ。つまり、次々開発される薬剤がそれに抵抗性をもった個体を発生させ、次の大発生を用意する。当然それに対する農薬の開発が目指され、虫のほうもまた新たな抵抗性を発達させるという悪循環である。そのあげくに、思いもよらない害虫の大発生も招く。つまり、そうした大事態をもたらす元凶として本種はいつのまにか難防除害虫の一つに仲間入りしてしまったというのが、私の見方である。しかしこの虫って、本当にそんな難防除な害虫なのか。

実は、チャノキイロアザミウマを研究していく中でこの虫が思った以上に弱い虫だと気付いたことがある。ほかの虫と一緒におくとそわそわとして落ち着かないし、中には逃げ出す？個体もあるのだ。一緒にいるのが苦手なだけではない、別の虫がいた痕跡が残っているだけでも焦って、やたらと歩き回るようになる。別に天敵でも何でもない、害虫仲間?ともいえるハダニでそうなのである。なんて小心な?!やつ、と思うほどだった。

しかしこの生態にこそ、なぜこの虫が重要害虫として急に登場するようになったのか、逆に昔はそうおおきな害虫ではなかったのかを解くキーポイントはある。それは、また、どうすればこの虫を難防除害虫から昔のように並みの害虫にしていくかのヒントをも示している。

本書では、これまであまり知られることのなかった、タフだけど小心な虫・チャノキイロアザミウマの生態に迫り、そのシャイな性格を衝《つ》く防除の手法を提案してみた。それはこれまでの農薬一辺倒ともいえる行き方とはもちろん、ミナミキイロアザミウマやミカンキイロアザミウマで導入されているハナカメムシ類を用いた天敵防除の行き方ともちがう、第三の「天敵」防除ともいうべき発想のものである。

農家の現場を取り巻く条件は自然環境だけをとっても大きく異なり、本書の提案は基本となる部分を示しているにすぎない。しかし、ここで提案した行き方をそれぞれの条件にあわせて実践していただくことで、農薬に大きく依存している現在のチャノキイロアザミウマの防除が変わるのではないかと思っている。

約一七万ヘクタール、これはチャノキイロアザミウマが加害するおもな作物の栽培面積の合計である。本書がその一部の防除回数でも減らすきっかけになれば幸いである。

二〇〇四年九月

著　者

目次

第2章　チャノキイロの生存戦略と意外な弱み

第3章 これからのチャノキイロ防除戦略
――農薬にあまり頼らない

イラスト　トミタ・イチロー

第1章

大害虫にさせられた害虫

――昔はおとなしかったのに……

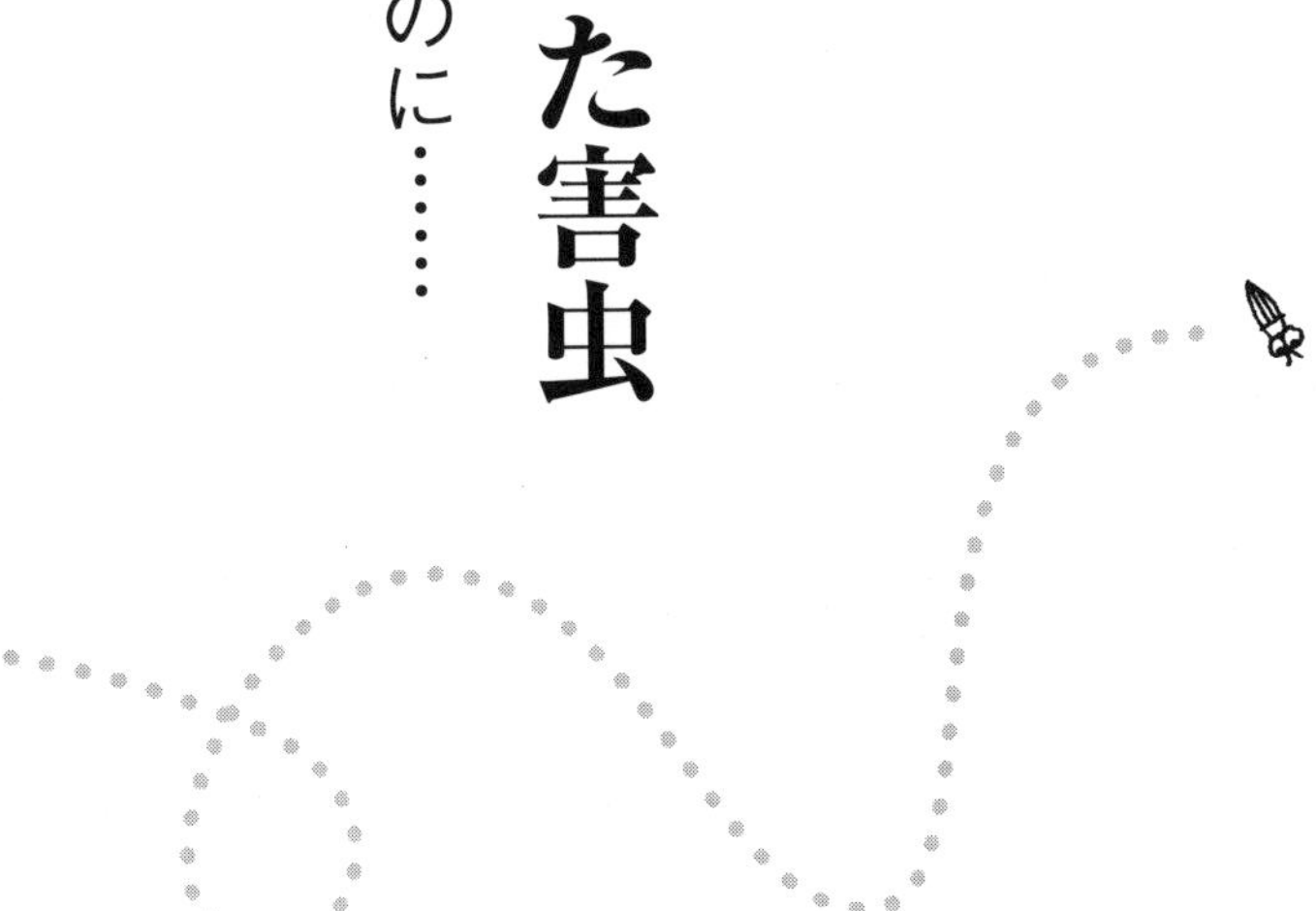

1　農薬に育てられた虫?!

元祖スリップス

スリップスの正確な名前は？　と訊かれて、皆さんは何と答えますか。チャやミカンをつくっている人だったらチャノキイロアザミウマだろうし、メロンやナス、ピーマンの農家ならミナミキイロアザミウマだったかな、というかもしれない。いや、ミカンキイロアザミウマだよ、というのは、キクやガーベラの生産者の人たちにちがいない。

このように「スリップス」といわれて思い浮かぶ害虫は人それぞれだが、それもそのはずで、この言葉はとくに種を特定しないアザミウマ類の総称を示す英名なのだ。しかしほかの害虫だって英語の名前はある。

ダニは「マイト mite」、カイガラムシは「スケール scale」という。コナジラミは「ホワイトフライ whitefly」だし、ガは成虫が「モス moth」で、幼虫は「キャタピラー caterpillar」と呼ばれる。それぞれに英名はあるわけだ。でもだからといって、ダニをマイトなんていう農家はいない。ダニはあくまでダニだ。では、どうしてスリップスだけ「スリップス」などと呼ぶのだろう？

実は、いまでこそ多くの種が知られるアザミウマ類だが、害虫として広く問題になり始めたときは「アザミウマ」という言葉はポピュラーでなかった。そんなときに、当時の研究者か誰かが

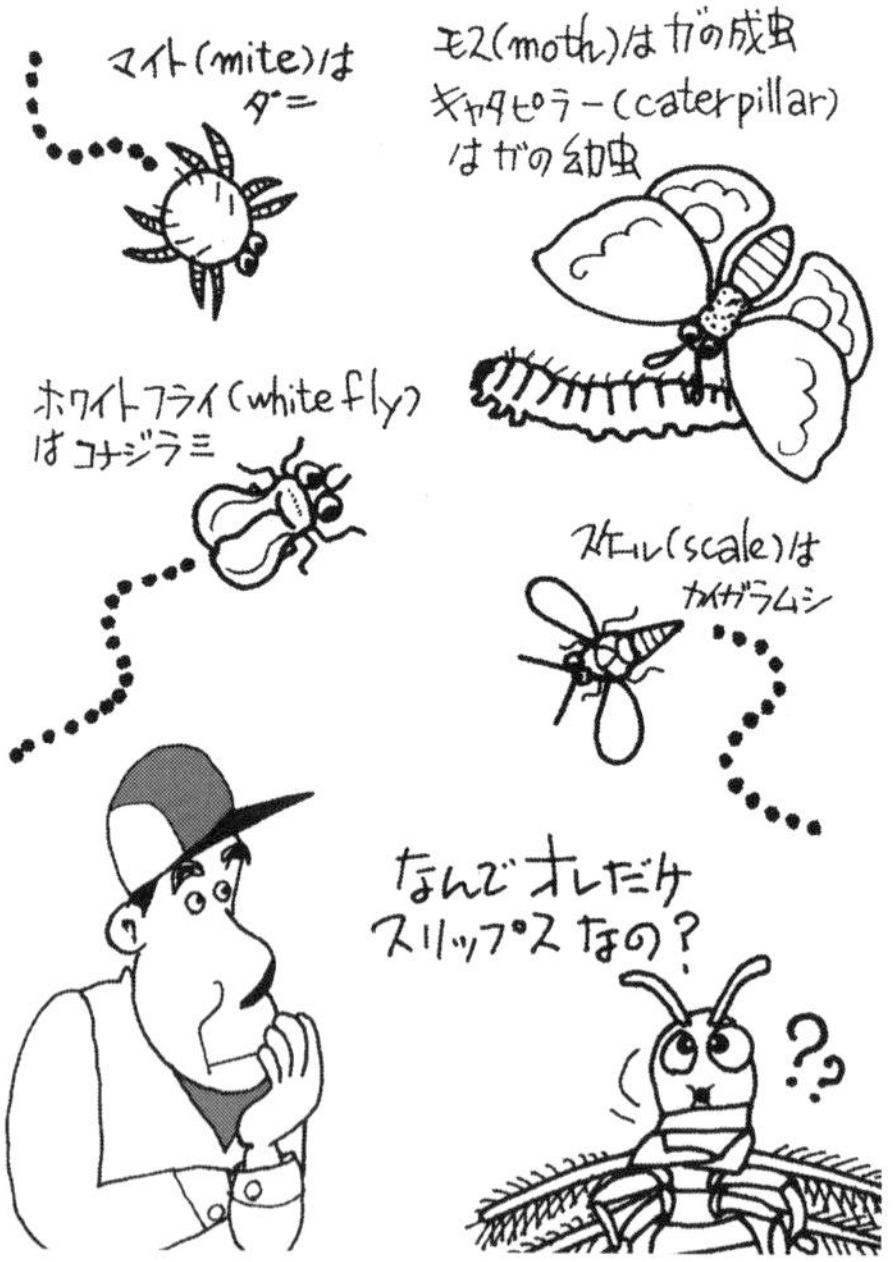
マイト(mite)は
ダニ
モス(moth)はガの成虫
キャタピラー(caterpillar)
はガの幼虫
ホワイトフライ(white fly)
はコナジラミ
スケール(scale)は
カイガラムシ
なんでオレだけ
スリップスなの？
??

図１　なんでアザミウマだけ「スリップス」なの？

外国の文献を読んでいて「スリップス」という名を口にしたのが農家に伝わり、時を経て、ミナミキイロアザミウマやミカンキイロアザミウマが問題になったときにもともとの長ったらしい名前をいう代わりに、「スリップス」と一言でいうようになったのではないかと思われる。

ところで、一九〇〇年前後に研究者が別のアザミウマを「桑のスリップス」とか「イネのスリップス」と呼んでいたが、多くの農家が「スリップス」と呼んだアザミウマこそ本書の主役のチャノキイロアザミウマであることは間違いない。

なぜなら、ミナミキイロアザミウマが害虫として問題となるのは一九七八年になってからだし、ミカンキイロアザミウマにいたっては一九九〇年からに過ぎない。これに対し、わがチャノキイロアザミウマは一九六〇年頃には有力害虫として知られていたからだ。わがチャノキイロアザミウマこそ、元祖スリップスなのだ。

この元祖スリップスが記録に現われるのは実はもう少し早くて、一九一五年、大正四年に当時の静岡県富士郡岩松村と今泉村（現在の富士市）、それに榛原郡でチャにやや多発生した記録が残っている。ただ、元祖の活躍はそれほどでもなかったようで、それ以後記録は少ないし、害虫として記載した本もない。

それがにわかに害虫としてクローズアップされるようになってきたのが、一九六〇年代前後からということになるのだが（表1）、どうしてなのか。まずそのいきさつから見ていこう。

なお、チャノキイロアザミウマという名前はいかにも長い。全一一文字、落語の「寿限無《じゅげむ》」には及ばないが、いいにくい。といって、スリップスではどれを指しているのかわからないので、ここからは本名を少し縮めて「チャノキイロ」と呼ぶことにする。

一九六〇年代にメジャーデビュー

チャノキイロが重要害虫として防除対象になっている作物は、チャ、温州ミカン、カキ、ブドウなどだが、活動開始が早かったのはチャだった。一九六七年頃から静岡県で、二番茶、三番茶の新芽に多発して、重要害虫として位置づけられるようになった。

次いで、カキが一九五一年に静岡県で、一九七〇年には和歌山県、一九六一年と一九七六年に山形県で大発生して、果実に大きな被害を与えた。

ブドウでも古くから果実と新梢が加害されることが知られていたが、一九

表1　各作物の府県別被害発生時期

作物名	府県	1900 0～	10～	20～	30～	40～	50～	60～	70～	80～	90～
チャ	京都		△○								
	静岡		△		○		○	●			
カンキツ	愛媛								●		
	静岡							△●			
ブドウ	長崎								△		
	福岡							△●			
	岡山							△	●		
	愛媛								△		
	山梨							●			
	山形								△	●	
カキ	和歌山								●		
	静岡						○				

△ 加害が確認　○ 局地的に多発　● 広域的に多発

注）「△●」と併置しているのは，確認された年にすでに広域で発生が認められた，という意味

六七年頃から福岡県で多発し、一九六九年に岡山県で発生を確認したあと、二年後の一九七一年に県下全体に拡大した。また、この年には長崎県や愛媛県でも被害が顕在化している。山梨県でも一九六七年以降に多発するようになり、山形県は少し遅れて一九七六年に初めて被害が確認されている。

カンキツでは果実のヘタに現われるリング状の症状が従来から知られていたが原因は不明で、チャノキイロが害虫という認識は長い間なかった。それが一九六七年に静岡県で被害が多発したことから問題となり、懸命に原因を追及した結果、静岡県柑橘試験場の研究者たちが、チャノキイロによる加害であることを明らかにした。これ以降、カンキツでの被害は多くの生産県に広がっていく。

このようにそれまで大した害虫でなかったチャノキイロがクローズアップされていくきっかけが、一九六〇年代にあった。それは農薬の世界を大きく変えたといわれる「有機合成農薬」の登場である。

育ての親、有機合成農薬

有機合成農薬の先駆けとなった薬はDDTである。

今でこそDDTは製造禁止農薬として悪役のイメージが浸透しているが、これが登場した当時は圧倒的に支持され、スイスのミュラーはその殺虫効果を発見した功績でノーベル賞を得ている（一九四八年）。

余談だが私はDDTが、一九八八年にチャノキイロの天敵探索に行ったインドで堂々と使われているのを見てびっくりしたことがある。日本ではとうに販売禁止になっていた「危ない」農

薬を、なぜ使っているのか、早速訊いてみた。すると相手の昆虫学者はきわめて冷静にこういった。

「インドではこの農薬を使うことで何十万人ものひとを餓死から救っているのです。」

第二次大戦の直後、多くのひとが餓えるなかで、食糧増産に大きな役割を果たしたという農薬、ＤＤＴの功績を、はからずも私はインドの現実を通して教えられた。なるほどそれはノーベル賞級のものであったのだろう。しかし、いま述べたように日本ではＤＤＴは一九七一年に製造も販売も禁止になっている。ただ、有機合成農薬そのものは、それ以後も変わることなく盛んに作られ、使われた。おもな殺虫剤の日本での使用開始年度を、表2に示した。

表2　おもな殺虫剤のわが国における使用開始年度

種　類	薬剤名	年度
有機塩素剤	DDT	1948
	BHC	1949
有機リン剤	パラチオン	1954
	マラソン	1955
	EPN	1956
	ディプテレックス	1957
	ペスタン	1961
	スミチオン	1962
	エルサン	1963
	ジメトエート	1963
	スプラサイド	1968
カーバメート剤	デナポン	1959
	メオバール	1967
その他	パダン	1967
	ランネート	1970

一九四八年のＤＤＴに続き、翌一九四九年にはＢＨＣなどの有機塩素系農薬が使われだし、一九五〇年代から六〇年代にかけては有機リン剤が使用されていく。有機合成農薬時代の幕開けである。そしてこの頃からチャノキイロが「スリップス」などといわれて、害虫として問題化していく。ようやく防除対象として無視できない害虫となってくる。

その最初の本格的な防除は温州ミカンで始まった。

各県で出ている防除基準の記録を引っ張り出してみると、静岡県ではアザミウマ類の防除が一九六七年の温州ミカンの項目に記載されている（図2）。このときチャノキイロアザミウマと正式に書かれなかったのは、チャノキイロ以外にも怪しいアザミウマがいて特定できなかったからだ。

その後、一九七〇年になってミカン果実の被害はチャノキイロと断定され、防除基準に記載されるようになる。

一方、チャでは一九七二年にようやく防除対象として登場する（図3）。チャを加害することが発表されてから、実に五七年後のことである。しかし最初はチャノミドリヒメヨコバイとの同時記載で、チャノキイロとして独

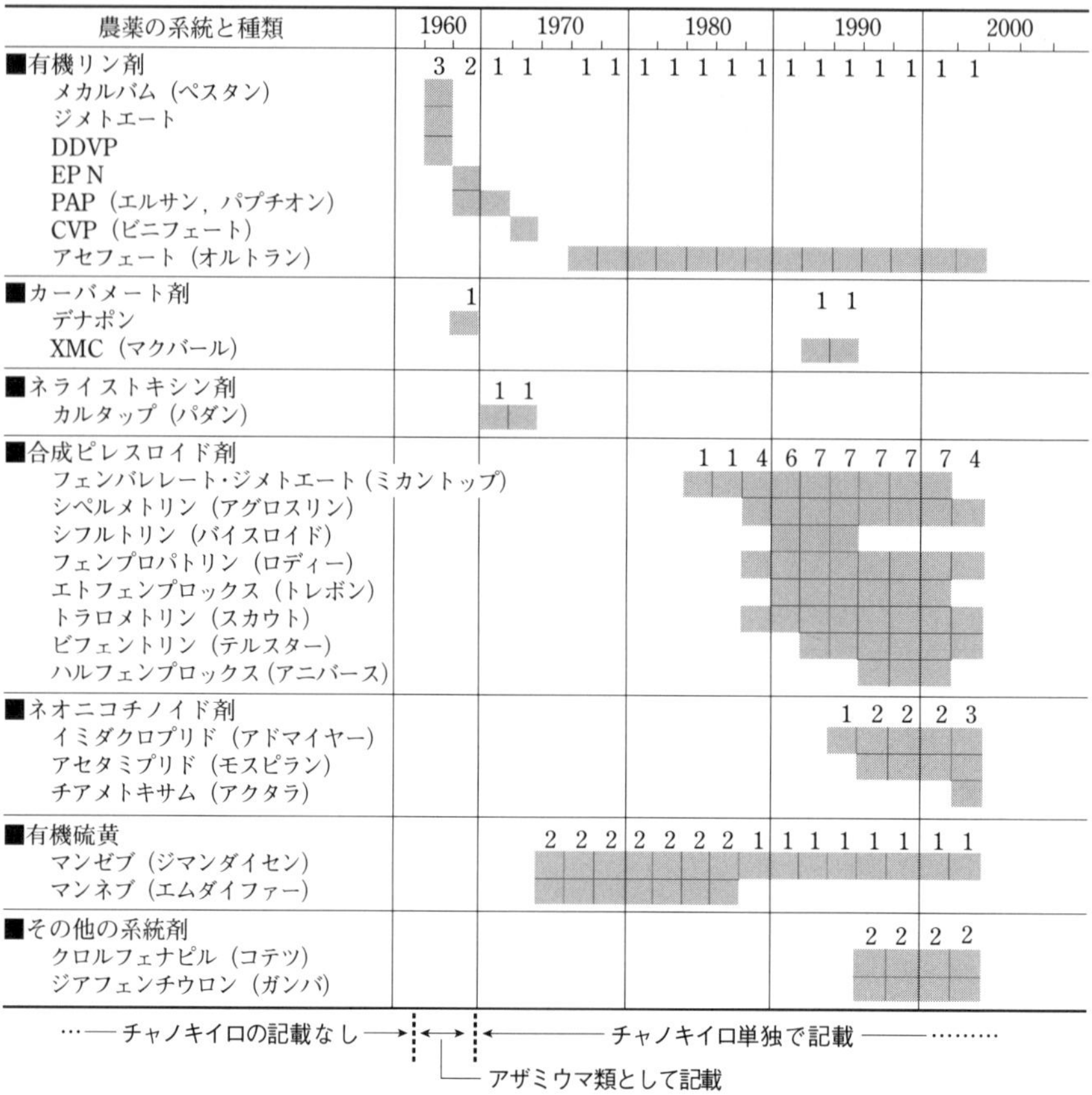

図2　温州ミカンの静岡県防除暦に記載された種類別農薬数

注）各年ごとの数字は記載農薬数，農薬の名称は一般名（商品名）

り立ちするのは一九八四年になってからだった。その間、この虫は何をしていたのか？

もう一度、図2と図3を見ていただこう。

一九六〇年代は空白だったチャでのチャノキイロ防除は、一九七〇年代に入ると、エルサンなどの有機リン剤やランネートなどのカーバメート剤、パダンで代表されるネライストキシン剤などが相次いで登場し、その歴史が始まる。チャノミドリヒメヨコバイとの同時防除時代は、おもにこうした薬剤の主舞台だった。

しかしこれらは徐々に効力を失い、一部でその後も使い続けられるが、基本的にはなくなっていく。代わって登場するのが、合成ピレスロイド剤（以下、合ピレ）である。ちょうど防除基準でチャノミドリヒメヨコバイとの同時標記がはずれ、チャノキイロとして

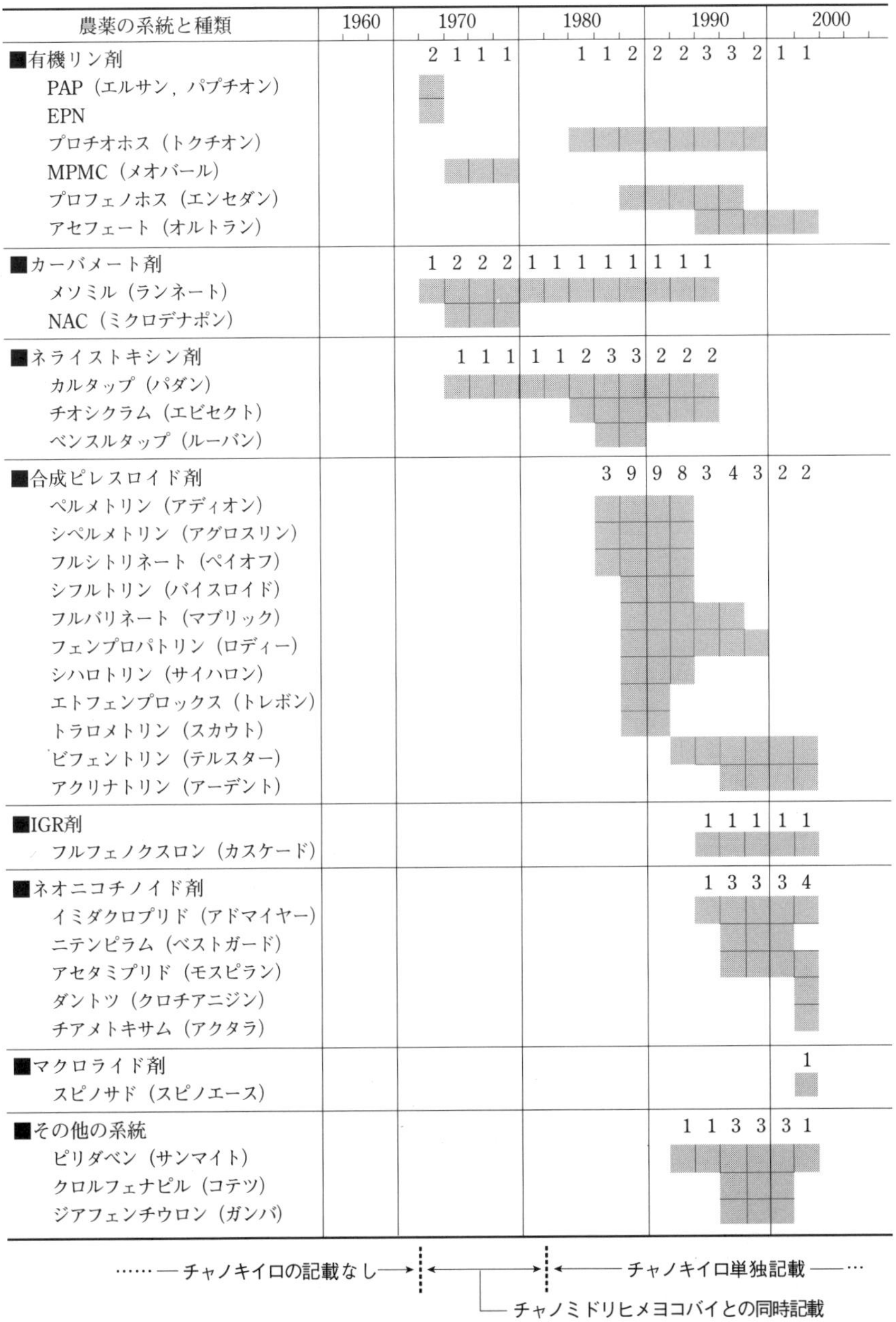

図3　チャの静岡県防除暦に記載された種類別農薬数

注）各年ごとの数字は記載農薬数，農薬の名称は一般名（商品名）

一本立ちするようになった頃のことである。

合ピレは昔から虫の特効薬として知られる除虫菊の殺虫成分を人工合成して、残効性をとびきり長くした薬剤である。とにかくよく効く農薬と評判だった。一九八〇年代の後半から一九九〇年代初めのこの時期、合ピレはチャで一〇剤、ミカンでも七剤が防除基準に記載され、花形の薬剤となっている。そしてチャノキイロの防除がとくに困難になっていくのが、この合ピレが登場して以降である。

チャノキイロもしたたかに

合ピレは非常に広範囲の虫を殺すだけでなく、残効がきわめて長い。そのため、害虫だけでなく、農薬に弱い天敵やただの虫を長期間排除して、かえって害虫を大発生させてしまい、また防除が必要になる、いわゆる「リサージェンス現象」を招くことになった。

代表的なのが、ハダニのリサージェンスだ。チャノキイロの防除に合ピレを散布すると、ハダニの天敵まで一緒に殺してしまい、邪魔者がいなくなったハダニが異常発生する例が各地で見られたのである。そこでハダニにも効果のある合ピレが登場し、リサージェンスを起こさないチャノキイロ防除剤として使用されたが、しばらくすると使えなくなってきた。今度は合ピレに対するチャノキイロの抵抗性の発達が見られたのである。さすがの合ピレも主役交替となり、一九九〇年代の中頃からネオニコチノイド剤が登場してくる。

ネオニコチノイド剤は虫の神経系に作用して、アザミウマ類、アブラムシなどの吸汁性の害虫に高い効果を示した。しかしこれも剤によっては徐々に効果が落ちてきている。

ネオニコチノイド剤と同じ頃、昆虫ホルモンによって害虫の発育を阻害するIGR剤がチャで登録となった。チャノミドリヒメヨコバイやハマキムシ類にも効果があり、天敵にもやさしい農薬として期待を集めたが、チャノキイロに対する効果は低くなってきている。

このように、カンキツで三〇年以上も使われているオルトランのように、中には息の長い農薬もあるにはあるが(近年はさすがに効果が低下しつつある)、鳴り物入りで登場した多くの農薬が、一方で害虫の抵抗性を育て、被害を広げてきた。イタチごっこのように、まるで新しい害虫をつくり、育ててきた。その中で、独特の生殖様式と発生回数の多さで農薬抵抗性を発達させやすいチャノキイロも能力をフルに発揮して、有力害虫化してきたのである。

チャノキイロ「大害虫化物語」の影の主役は、この次々と開発される農薬だったともいえる。

2　どんなアザミウマなのか

では、チャノキイロはどうやって次々に登場する新薬の相手を務めたのか。抵抗性をどのようにして獲得していったのか。そもそもチャノキイロとはどんなアザミウマなのか。まずはその身上調査からはじめてみよう。

仲間内でも とびっきりのチビ

チャノキイロは、アザミウマのなかでも小さい部類に入る。オスもメスも体長は一mm以下、ミナミキイロの一・二〜一・四mmや、ミカンキイロの一・三〜一・七mmと比べると、ひと回りもふた回りも小さい（図４）。また二齢幼虫や成虫の体色は黄色が強く、他と区別される。といっても、同じ植物上にチャノキイロが似た種と一緒にいることはあまりない。間違えるとしたら、ほ場の害虫密度を把握するために仕掛ける粘着トラップの上ぐらいだ。

ちなみに、チャノキイロは黄色を好むので、黄色の粘着トラップを設置して虫数を監視することがある。植物上にいるチャノキイロを直接数えるより

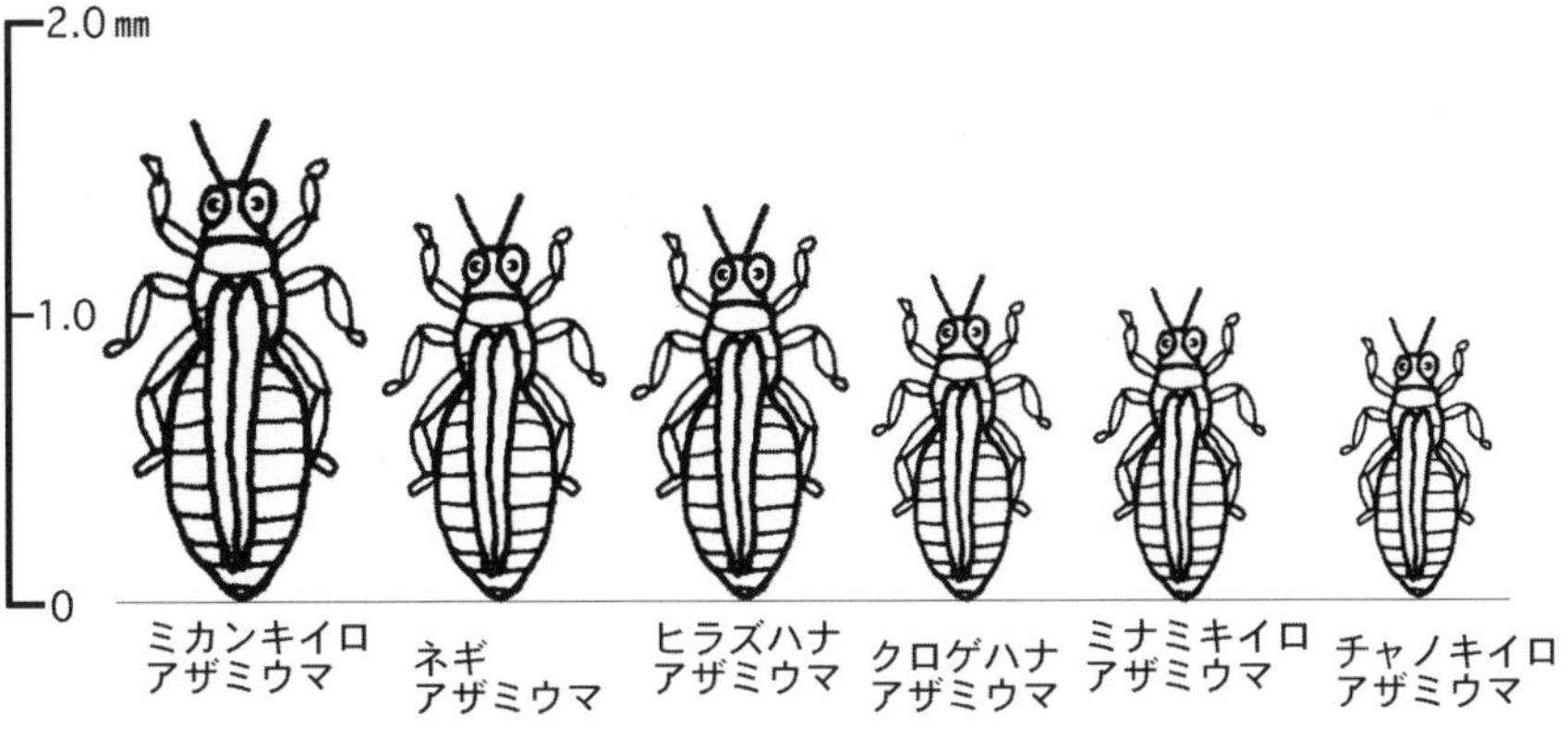

図４　アザミウマ類の大きさ比べ（メス成虫）

①体長は0.9mm，ほかのアザミウマに比べて小さく，体色は黄色みが強い

②触角は8節だが，20倍程度の実体顕微鏡下では6節に見える。昆虫では触角の付け根から順に第1節，2節と数えるが，チャノキイロは第3節から先の節が黒っぽく見える

③頭部の下のふくらんだ節を「前胸背板」と呼び，表面に横じわがある。実体顕微鏡ではやや見にくい

④翅《はね》は黒っぽいのが特徴。また，前の翅の上部の毛の間隔は等間隔に生えない

⑤腹部背面に生えるこれらの毛はトラップでとらえられるほかの種に比べて短い

⑥腹部背面の側部が密な毛で覆われる

⑦腹部背面の各節上部には黒色の帯がある。個体による変異が大きく，発達した個体は暗帯が腹部下部まで広がり，逆三角形になる

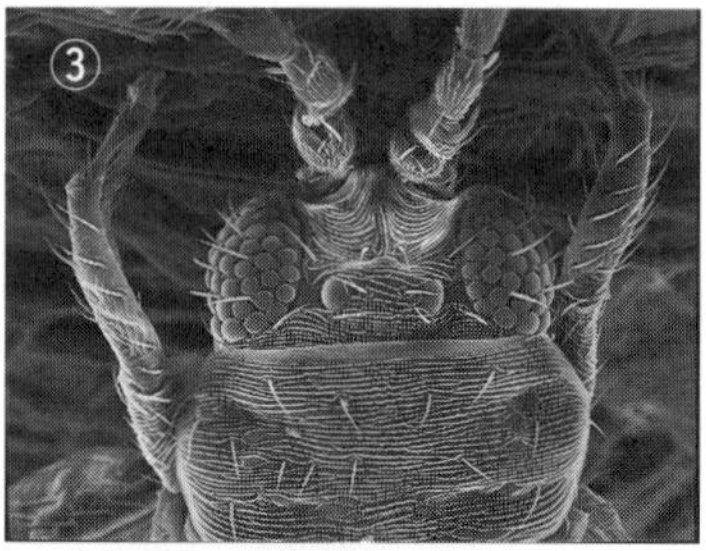

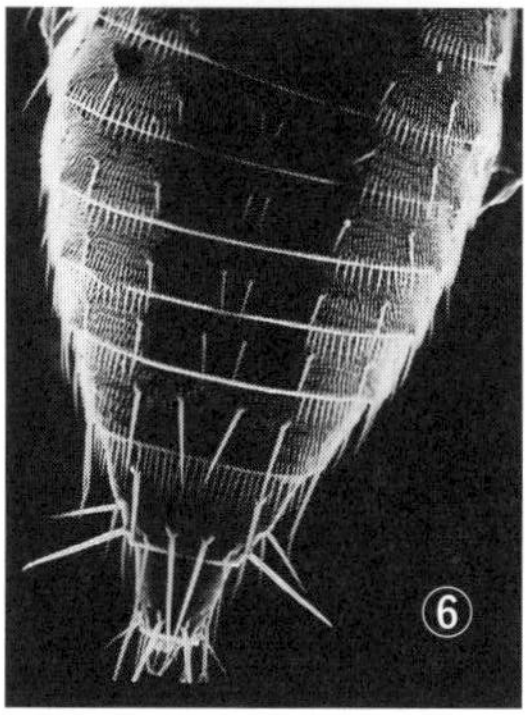

実体顕微鏡下で見分けるときはまず，①②④⑦で見るのがよい
慣れると，ルーペ，肉眼でもかなりの精度で見分けることが可能となる

はるかに簡単で、効率よく数えられるので、防除判断をするうえでトラップは恰好の装置だが、黄色のトラップに引き寄せられるアザミウマが四〇種以上と多く、どれがチャノキイロか見分けのつかないことが多い。

　こんなとき役立つのがふだんのトレーニング。顕微鏡で常日頃、アザミウマとはこんなもの、と見ておくと便利だ。顕微鏡といっても倍率二〇倍程度の実体顕微鏡でよく、固定式なら五万円前後からある。ズーム式でも安いのは一〇万円前後だ。病気の病斑や農作物の微細構造の観察、発育診断にも使え、一台備えておいて損はない。農機の一種、と私はよく勧めている。

　この〝農機〟で目を養っておけば、いざというときルーペや目がよいひとなら肉眼で区別がつくようになる。

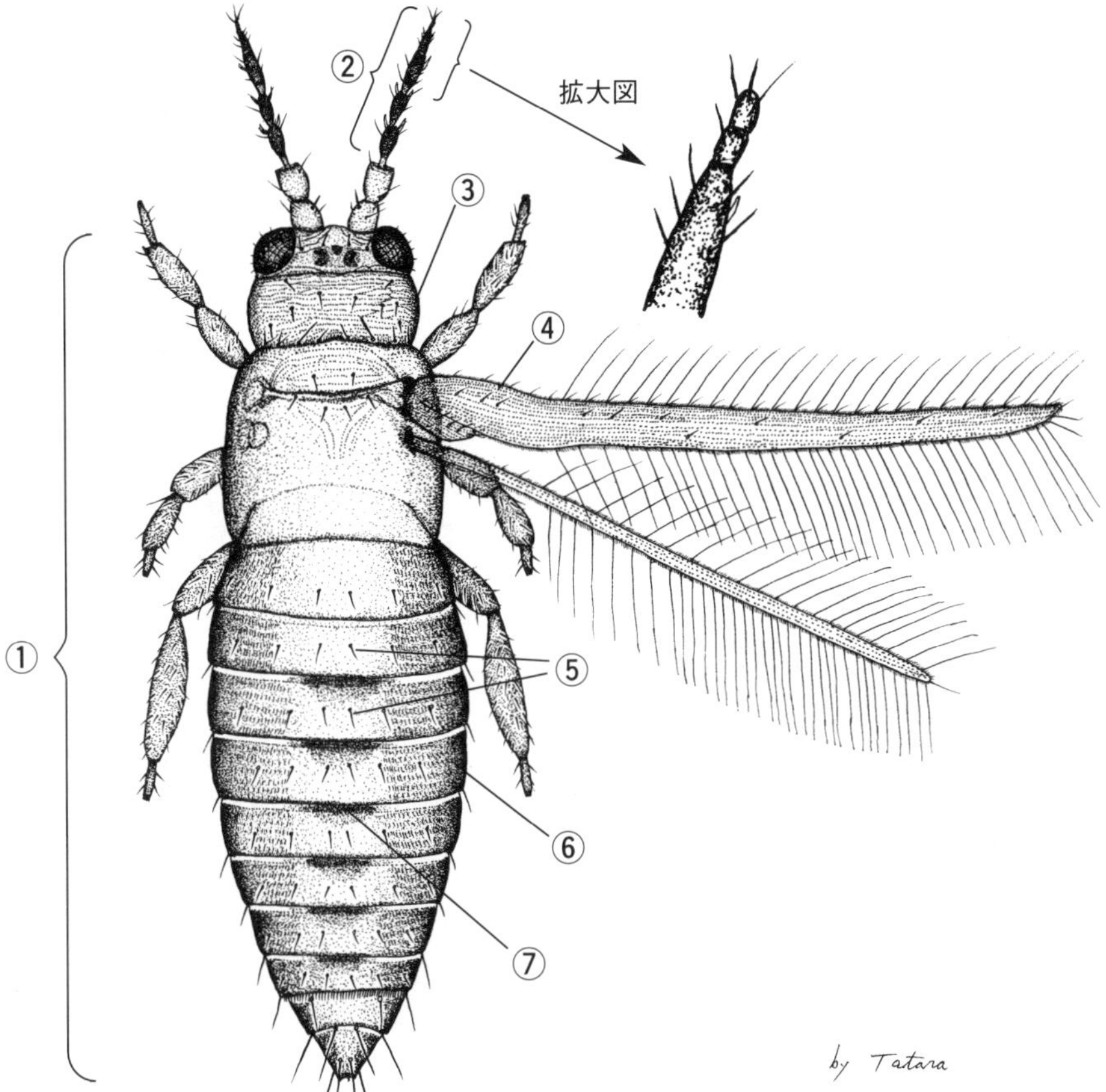

図5　チャノキイロ（メス成虫）の見分け方（イメージ）

■区別はお尻の先と体色

区別の際に、初心者がチャノキイロと思ってしまう代表は、ハナアザミウマ類やダイズアザミウマのオスである。チャノキイロのメスとほぼ同じくらいの大きさで、体色も一様に黄色なので間違えやすい。

区別点はお尻の先。ハナアザミウマ類のオスは赤～橙色のU字型をした精巣が透けて見えるのに対し、チャノキイロのメスに当然ながら精巣はない。

メス同士で間違えやすいのはキイロハナアザミウマやクロゲハナアザミウマだが、チャノキイロは、図5のように翅が黒みを帯び、腹部背面の節間に黒色の帯が生じるので区別できる。慣れればルーペでもわかる。

ミナミキイロアザミウマとチャノキイロが並んでトラップに捕まっていたら区別は容易だが、どちらか一方だと

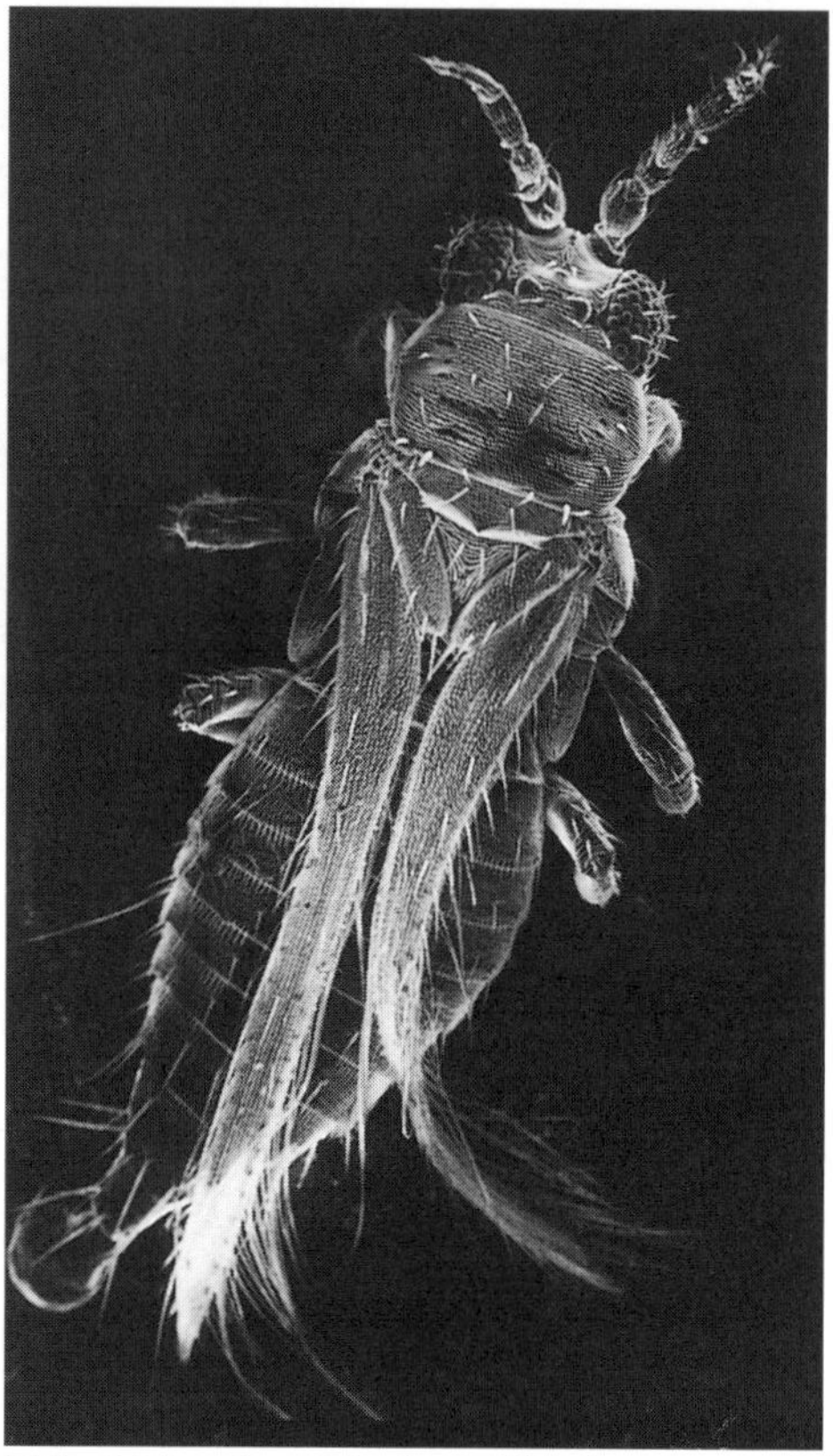

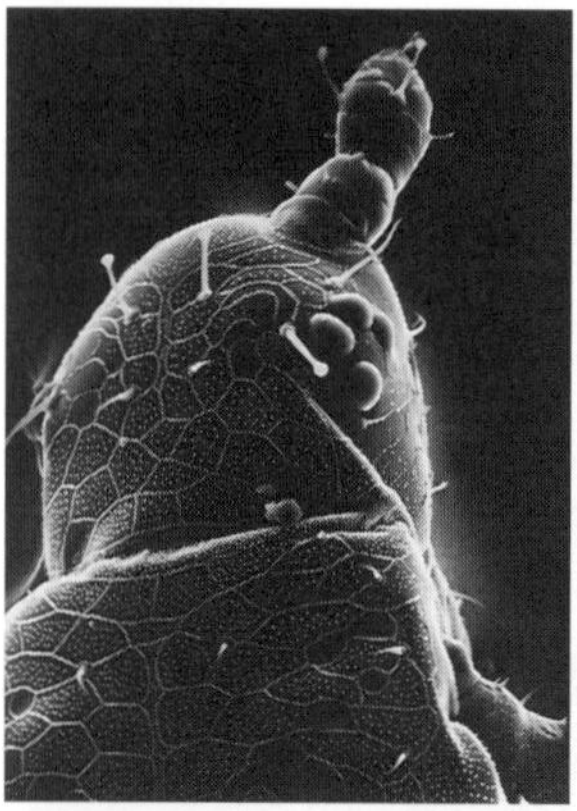

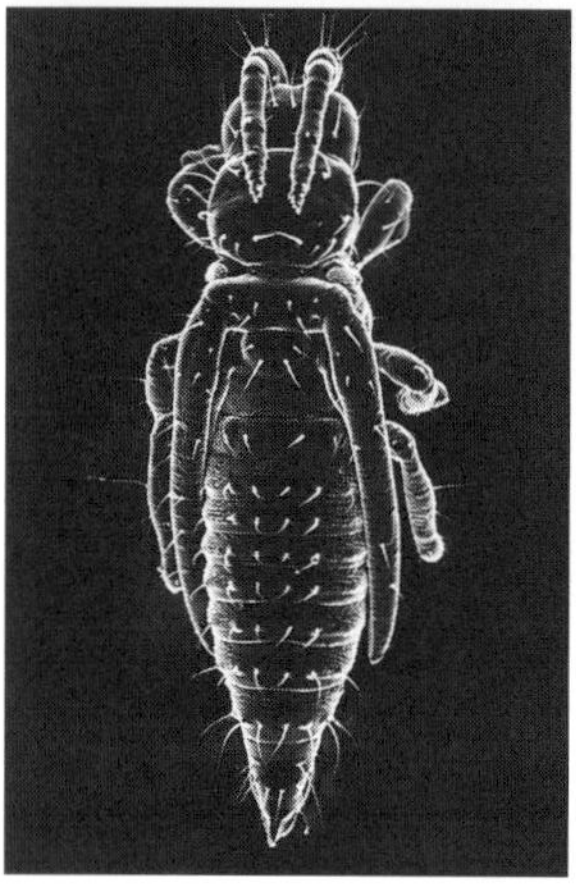

図6（上）　チャノキイロアザミウマのメス成虫
図7（左上）　同幼虫の頭部と胸部
図8（左下）　同二齢蛹（いずれも電顕写真）

迷ってしまう。

幸い、ミナミキイロアザミウマは青色を好み、黄色のトラップには少ないので、どちらに捕まっているかでだいたい判断できる。また、腹部側面に微細な毛が密集していたらチャノキイロだと区別できる（図6、7、8。以上はいずれも電子顕微鏡写真だが、実体顕微鏡でも十分見える）。

五〇科一四〇種類を食害
——でも、けっこう偏食家

チャノキイロが食べる植物はとても多い。表3がこれまでに食害が記録されている植物だ。木本を中心に五〇科一四〇種類、かなり広範に食しているが、全部が全部、好きな植物というわけではない。発生密度の高いのは、サンゴジュなどのスイカズラ科、チャなどのツバキ科、ナシ、イチゴなどのバ

表3　チャノキイロアザミウマの寄生植物

（梅谷ほか1988，宮崎・工藤 1988，村岡 1988，坂田・中村 1976，ほかから作成）

科　名	種　名
アカネ科	クチナシ
アケビ科	アケビ
アブラナ科	**ナズナ***
イチョウ科	イチョウ
イラクサ科	カラムシ
ウコギ科	タラノキ
ウリ科	キュウリ，カラスウリ
ウルシ科	ハゼ，ヌルデ，**マンゴウ***
エゴノキ科	エゴノキ
カエデ科	カエデ，モミジ
カキノキ科	**カキ***
キク科	ノアザミ，ダリア，キク，オニノゲシ，ヒメムカシヨモギ，アレチノギク，ヨメナ，オニタビラコ
クスノキ科	タブノキ，バリバリノキ，ヤブニッケイ，アオモジ，クスノキ，ゲッケイジュ
クマツヅラ科	クサギ，ムラサキシキブ
グミ科	アキグミ
クワ科	クワ，イタビカズラ，イチジク，**イヌビワ***，ガジュマル，クワクサ
ゴマノハグサ科	キリ
シソ科	オドリコソウ
シュウカイドウ科	キュウコンベゴニア
スイカズラ科	ヤブウツギ，**サンゴジュ***，**オオテマリ***
センダン科	センダン
タデ科	ソバ，ギシギシ
ツゲ科	ツゲ
ツツジ科	サツキ，ツツジ，キリシマツクシ，ドウダン，シャシャンボ，アセビ，レンゲツツジ
ツバキ科	**チャ***，**ヒサカキ***，サザンカ，ツバキ，サカキ，モッコク，ハマヒサカキ，ヤブツバキ
トウダイグサ科	ナンキンハゼ，アカメガシワ
トベラ科	トベラ
ナス科	ジャガイモ，トマト，ナス
ニシキギ科	**マサキ***
ニレ科	エノキ
バラ科	**セイヨウミザクラ***，ピラカンサ，**モモ****，**スモモ****，リンゴ，**ウメ****，**ナシ***，**イチゴ***，ビワ，タイワンビワ，ノイバラ，ナガバモミジイチゴ，ユキヤナギ，カリン，バラ，オウトウ，オオデマリ，タチバナモドキ，カナメモチ，バクチノキ，シャリンバイ
ヒユ科	イヌビユ
ヒノキ科	ヒノキ
ブドウ科	**ブドウ***，エゾヅル，**ノブドウ***，**ヤブカラシ***
フトモモ科	フェイジョア
ブナ科	マテバシイ，**クリ****，アラカシ，コナラ，ウバメガシ，クヌギ，ツブラジイ
マキ科	イヌマキ，ツゲ
マタタビ科	**キウイ***，**サルナシ***，マタタビ
マメ科	メラノキシロン，アカシア，ネムノキ，アカシア，ラッカセイ，**カラスノエンドウ***，レンゲ
マンサク科	イスノキ
ミカン科	**ミカン***，**サンショウ****，カラスザンショウ，キハダ，カラタチ
ミズキ科	アオキ
メギ科	ナンテン
モクセイ科	モクセイネズミモチ，ヒイラギ，レンギョウ
モクレン科	**シキミ***
モチノキ科	イヌツゲ，タマミズキ，クロガネモチ，モチノキ
ヤナギ科	ヤナギ
ヤマモガシ科	ヤマモガシ
ヤマモモ科	ヤマモモ
ユキノシタ科	ウツギ，**アジサイ***，**ガクアジサイ***
合　計	50科140種類

*はチャノキイロが比較的ふつうに見られる植物。**は寄生は認められるものの，果実に被害は生じない。果皮に毛じがあったり（モモ，ウメ），硬かったり（クリ）するのが原因と考えられる

表4　餌の違いによるメス成虫の寿命と産卵数の違い

餌植物	メス成虫の寿命（日）	1メス当たり産卵数（卵）
サンゴジュ	23.4	41.5
チャ	27.5	27.0
温州ミカン	4.0	1.4

ラ科、ブドウに代表されるブドウ科、キウイなどのマタタビ科、アジサイなどのユキノシタ科といった植物に偏っている。

その理由はあとで述べるチャノキイロの口針の構造に由来すると考えられる。長さが相当に短いのだ。そのために硬い葉は好きでないし、深く突きさすことも不得手だ。必然的に柔らかい新葉、新梢が好物となる。ほとんどの植物での住処もそうしたところだ。ただ、植物によっては柔らかい成葉をもつものもあり、アジサイ、ナシ、キウイ、シキミなどの植物は成葉になっても葉が柔らかいのでチャノキイロの寄生が見られる。

一方で、果実を加害される植物は少ない。チャノキイロが食べる果実の種類自体が少ないし、ナシやキウイなど加害されても被害が生じない果実があるからだ。被害の痕《あと》が隠れてわからなくなってしまう。

その中で面白いのはカンキツ、とくに温州ミカンだ。温州ミカンもチャノキイロの被害が問題となっている作物だが、チャノキイロはそれほど温州ミカンが好きではない。

温州ミカンとサンゴジュ、それとチャの葉をチャノキイロのメス成虫に与える実験をしてみたことがある。温州ミカンを与えたメスの寿命は短く、産卵数も少なかった（表4）。産まれた卵は他の卵と同じように育ち、成虫になるまでの期間も変わらなかったが、親のメスは頑張れない。温州ミカン園ではどうもいやいや卵を産んでいるということらしい。

3 作物で変わる被害のでかた

この加害の原理と植物の側の防衛機能が合わさって、チャノキイロの被害の出かたは多様になる。作物別に具体的に見てみよう。

一〇μm以下の、極小の口針

アザミウマによる被害はさまざまだが、被害の原理は共通している。アザミウマはカメムシやウンカと同様、吸汁性の口をもっている。しかし、カメムシやウンカが針状になった口針を植物体内に挿入して吸汁するのに対し、アザミウマはまず口錐《こうすい》と呼ぶ口を植物組織におし当て、上下に激しく振動させて、その中にある大腮針《たいさいしん》を植物に埋め込む。穴があくと、小腮針を大腮針の間から突き出して唾液を注入し、小腮針を小刻みに動かして葉の柵状組織を砕きながら、液状になった細胞質を吸汁する（図9）。

このような加害の仕方はほとんどのアザミウマ類に共通しているが、チャノキイロがほかと少し違うのが、その口器の長さだ。体がひと回り小さいぶん、かなり短いのである。小腮針が一〇μm（一〇〇〇分の一mm）以下しかない。これでは植物の表皮細胞の一層目は突き通せても、二層目には届かない。果実や葉の表面細胞は死んでも、下の細胞は生き残って生長する。ヒビ割れたような被害が表面に生じるのは（図10）、このためである。

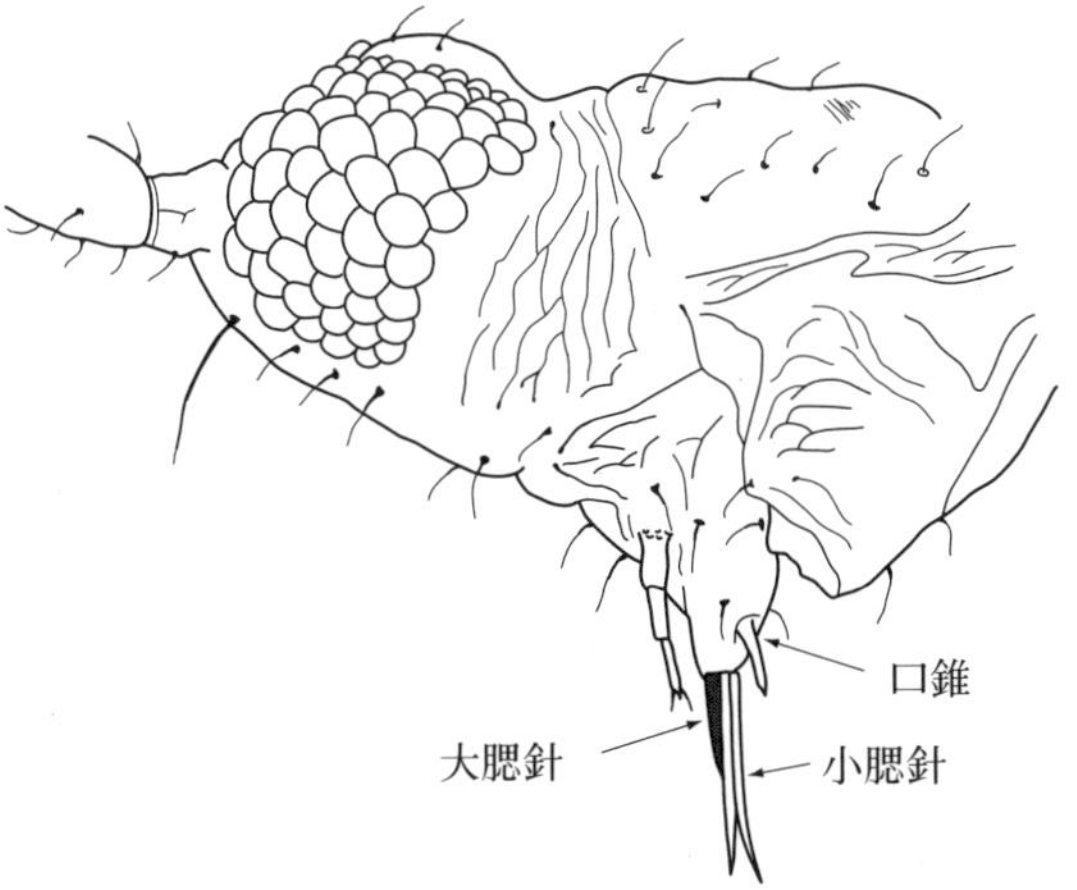

図9　アザミウマの口器（Kirk，1997を改変）

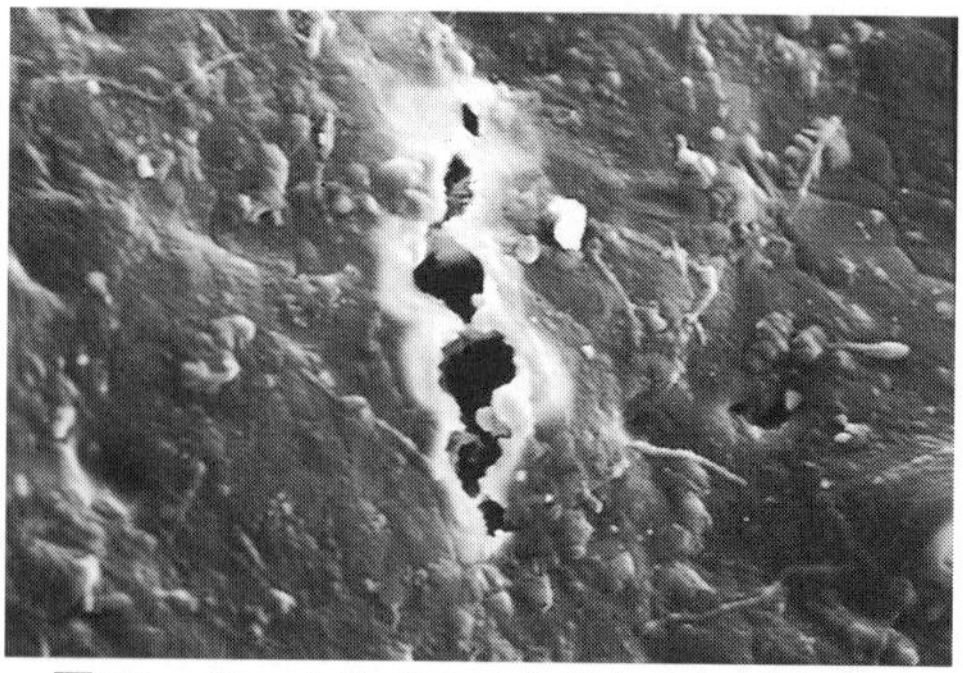

図10　チャノキイロによるミカン果実表面の被害（電顕写真）

“かすり傷”がつくる被害の結果はばらばら

〈チャでは……〉

チャはチャノキイロが大好きな植物だが、硬くなった葉は好まず、新芽や新葉を好む。もっとも深刻な被害は発芽期の新芽で、加害されると褐変し、枯死してしまう（図11）。展葉直後の若葉が加害されると、加害されたところが褐色となって発育が停止し、ひどいときには落葉する。こうした被害はチャの新葉がまだ小さく、チャノキイロの口針が深いところまで届いてしまうからだと考えられる。

　展葉後の被害は、葉の変形を伴うような激しいものから軽微なものまで幅があるが、共通しているのは、ほとんど裏面だけ加害され、葉脈に沿って縦に筋が入ることだ（図12）。

　チャノキイロは三月上旬から活動を始める。しかし五月頃までは密度が低く推移するため、一番茶にひどい被害が出ることはまずない。被害が問題となるのは、二番茶以降の新芽からだ（図13）。

〈カンキツでは……〉

カンキツはほかの作物と比べるとかなり変わった被害の出かたをする。新葉にも被害が出るが、果実の被害がもっとも重要だ（といって、それを被害と見るかどうかは分かれるけれども。詳しくは第3章でふれる）。

　果実への被害には三種類あり、それぞれに特徴がある。

　一つはガクの周辺に出るカスリ状の被害、二つ目は、ガクと反対側の果頂部と呼んでいる部分に生じるカスリ状の被害だ。三つ目が同じ果頂部に出る黒褐色の被害である。これらの被害の出かたを、すべての被害が生じる温州ミカンの場合で説明しよう。

■果梗部の被害

　まずガクの周辺に出る被害。ヘタを中心に輪を描くようにカスリ状に現われる（図14）。これを「果梗部の被害」と呼んでいる。次のようにして発生する。

温州ミカンの花は五月中旬に満開を迎える。花弁が落ちると果実の表面とガクの間がしだいに狭くなる。チャノキイロは狭小な場所が大好き。いい隙間を見つけたとばかりこの果皮とガクとの間に潜り込み、加害を始める。この時期、果実はどんどん生長していて、肥大していくのに伴って加害部位がガクの外に現われ、リング状に広がっていく。これが目に付くようになるのが、六月上旬から七月下旬にかけてである（図15）。

ところで、ミカン果実の被害はなぜカスリ状になるのか。

静岡県柑橘試験場の牧田好高さんによると、ミカンの幼果は外部から傷を付けられると、その部位の果皮細胞からエチレンを出して、傷を修復しようとする。するとリグニンという物質がそこに生成されて、治癒組織が完成する。リグニンが集積するとその部分が

図11（上）　チャ発芽期の被害
図12（中）　同展葉後の被害
図13（下）　二番茶の新芽の被害を激しく受けたチャ園（黒く見えるところが被害部）

白っぽく見え、そのためにカスリ状の被害になるということだ。

　確かに、風で果実同士がこすりあって生じた被害（風ずれ果）や、花の時期に感染する灰色かび病の被害果でも傷はよく似ている。

■果頂部前期の被害

　次に、カスリ症状が果実のお尻に生じるのが第二の被害だ。「果頂部前期の被害」と呼んで、お尻の真ん中を中心に雲形状に生じる（図16）。八月中旬から見え始め、九月中旬頃まで増加する。

　カスリ症状が現われるメカニズムは果梗部被害の場合と同じ。ただし、この頃になると果実の肥大速度も少しずつ鈍くなってきているので、その程度は軽い。遅くなるほど被害は軽くなる。

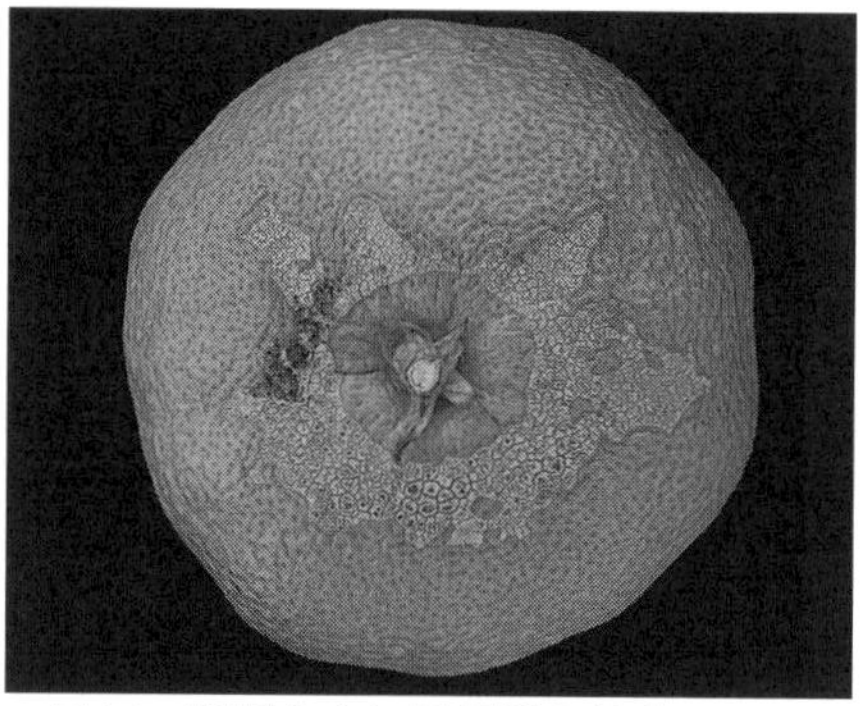

図14　温州ミカン果梗部の被害
カスリ状の被害が輪のように広がる

■果頂部後期の被害

　第三は、第二の被害と同じ場所に色を変えて出る。黒い点がお尻の真ん中を中心に散在する（図17）。これは「果頂部後期の被害」と呼んでいて、果実が色づく九月上旬から出始め、十月下旬まで増加する。

　不思議な黒い点が生じる原因は次のとおり。まず、この被害が生じる時期は果実の生長スピードがきわめて緩やかになっている。そのため被害を受けても下層の細胞の細胞は肥大せず、あまり大きな亀裂ができない。また果実

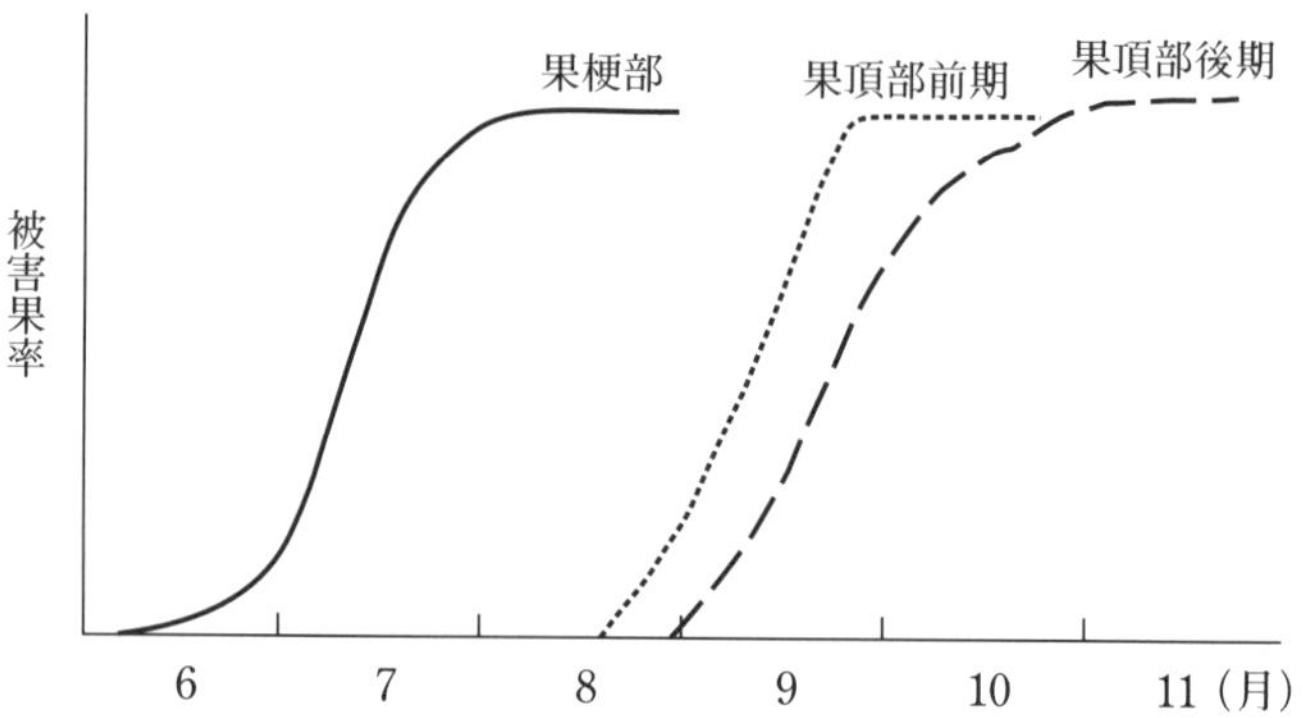

図15　温州ミカンの被害発現時期

が着色し始める頃には、先に見た自己修復機能もかなり低下してきている。気温が低下するとなおさらだ。

そうした原因が重なって、以前であれば白くカスれた被害痕も黒くぼんやりした点として残るのだろう。果実の側の生理的反応の違いが、同じチャノキイロの被害でも異なった症状として現われた理由である。

■なぜか果実側面には被害が現われない

ところで、ミカンではどういうわけだか、果実側面に被害が現われることが少ない。果頂部から広がって現われることはあっても、単独で生じることはないのだ。

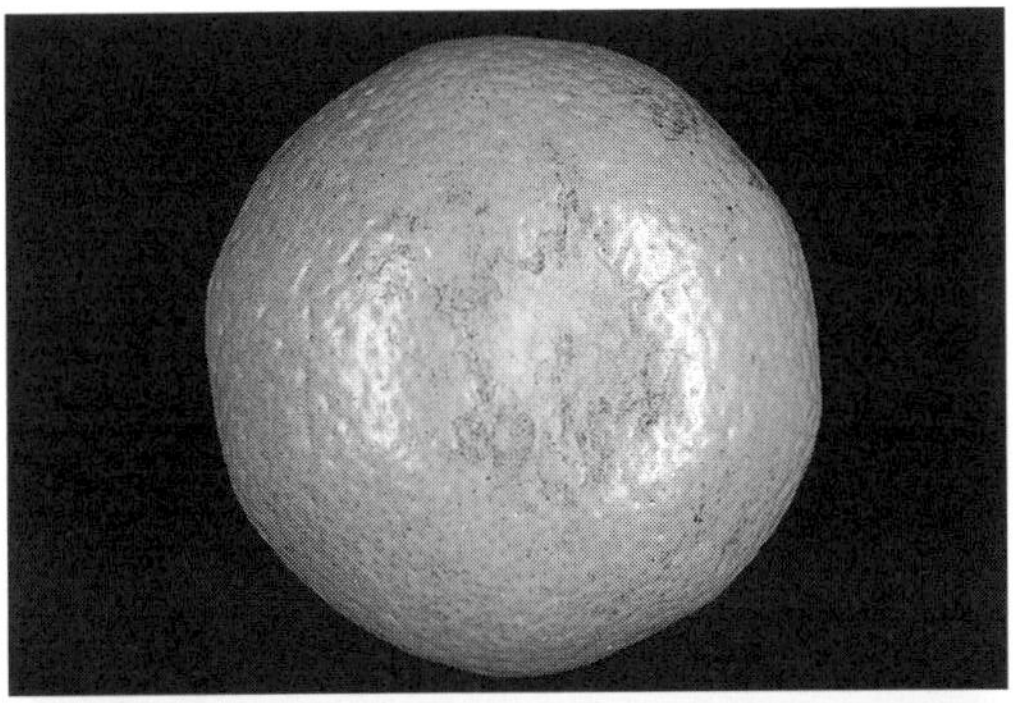
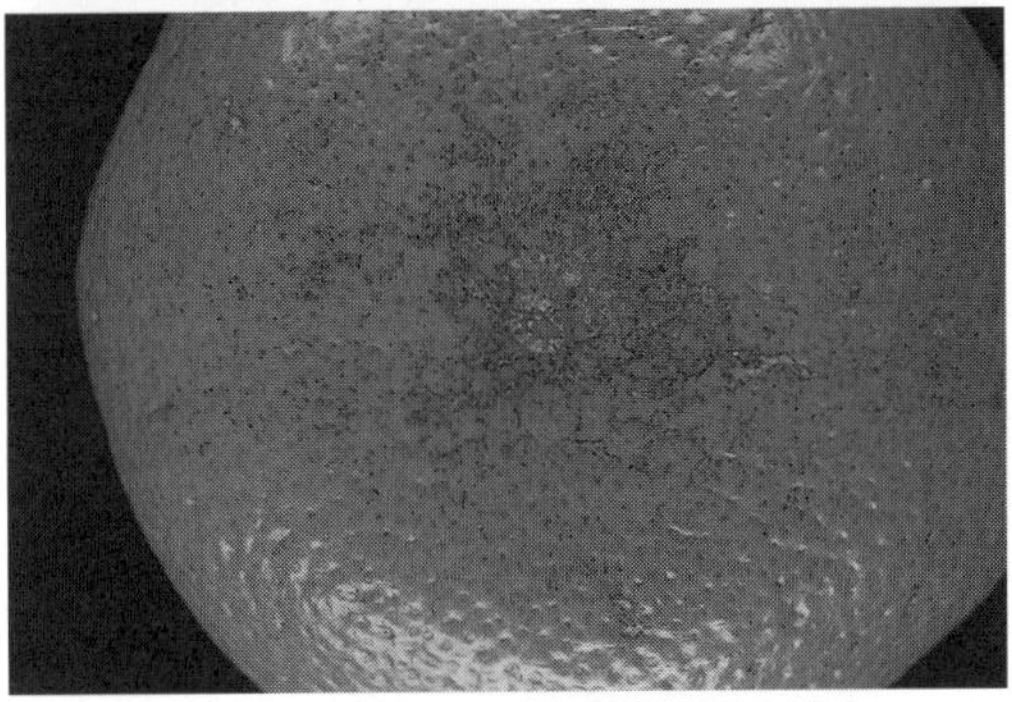

図16（上）　温州ミカン果頂部前期の被害
図17（下）　同果頂部後期の被害
前期と違い黒い点が散在する

なぜだろうかと思い、さまざま調査をしてみた。

まず、チャノキイロが側面部に行くのを嫌うからではと考え、チャノキイロが果実上にいる場所を年間通して調べてみた。

予想は裏切られた。七月上旬まで果梗部にいた幼虫は、同中旬から側面部に現われ始め、二割から五割もの幼虫が十月まで居続けたのだ（図18）。けっして側面部が嫌いというわけではなさそうだ。

ただ、これは調査で近寄る人（私？）の気配を察してあわてて逃げ出したためとも考えられる。別の実験では光線の当たる面を避けることがわかっていたからだ。

それで次に、果実の向きが変わることによって加害部位が変わるのではないかと考え、果実が成る角度を測って

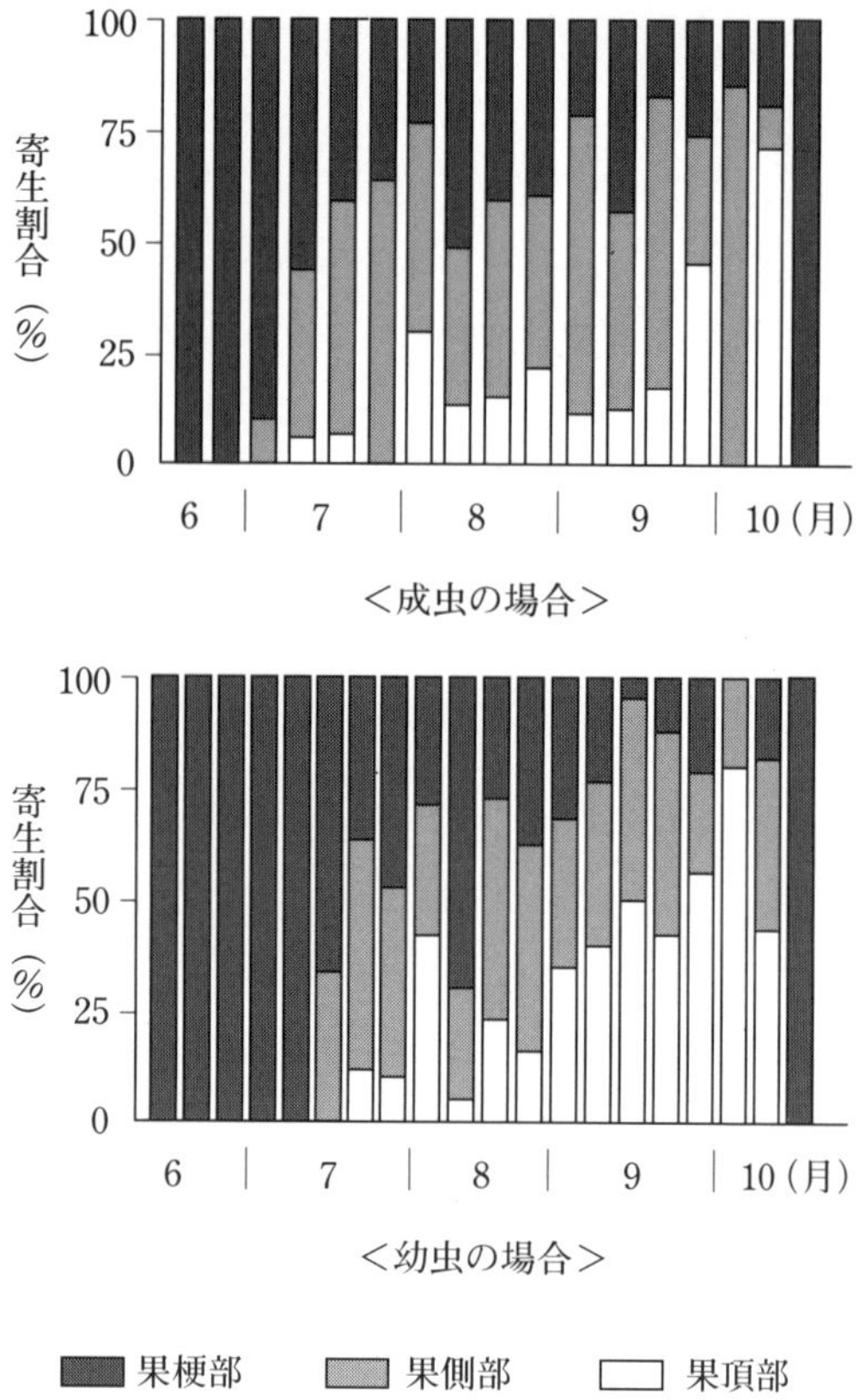

図18　温州ミカン果実上の寄生部位の推移
（多々良，1995）

みた。しかし果頂部の被害が出始める八月下旬になっても、果実は上を向いている。まだお日様に当たっているのだ。果頂部が下を向くのはようやく十月下旬になってから。被害が現われ始めて二カ月以上もたっていた（図19）。これも予想と異なる結果に終わった。

さらに、チャノキイロは柔らかい組織を好むので、果実表面の硬さが原因ではないかと考え、時期別の果皮の硬さを測定してみた。これも結果はブーだった。七月上旬は果側部がもっとも硬かったが、九月上旬は果頂部がもっとも硬い。しかしこの時期は果頂部の被害が多いときなのだ。

結局、原因はわからずじまいだったが、私は温州ミカン果皮の物理的、化学的な組成が何か関係しているのではないかと見ている。この謎が明らかになれば、チャノキイロの被害を防ぐチャやカンキツ品種の作出も夢ではないと思う。どなたか追究してみませんか？

■ほかのカンキツでは

チャノキイロの被害はもちろんほかのカンキツでも見られるが、被害の出かたにはそれぞれ特徴がある。

ネーブルでは果梗部に被害が集中し（図20）、ひどいと果実の肥大が妨げられる。カンキツでもっともチャノキイロの影響が激しいのはこのネーブルなのだが、不思議なことに果頂部にあまり被害は生じず、果梗部に集中するのが特徴だ。甘夏やブンタンも、ネーブルと同様ほとんどが果梗部の被害である。ヘタを中心に二重、三重のリングができる。清見も果梗部を中心に激しい被害を生じる。逆に果梗部の被害が少なく、果頂部の被害が大きいのが、不知火、宮内イヨカン、ハッサクである。

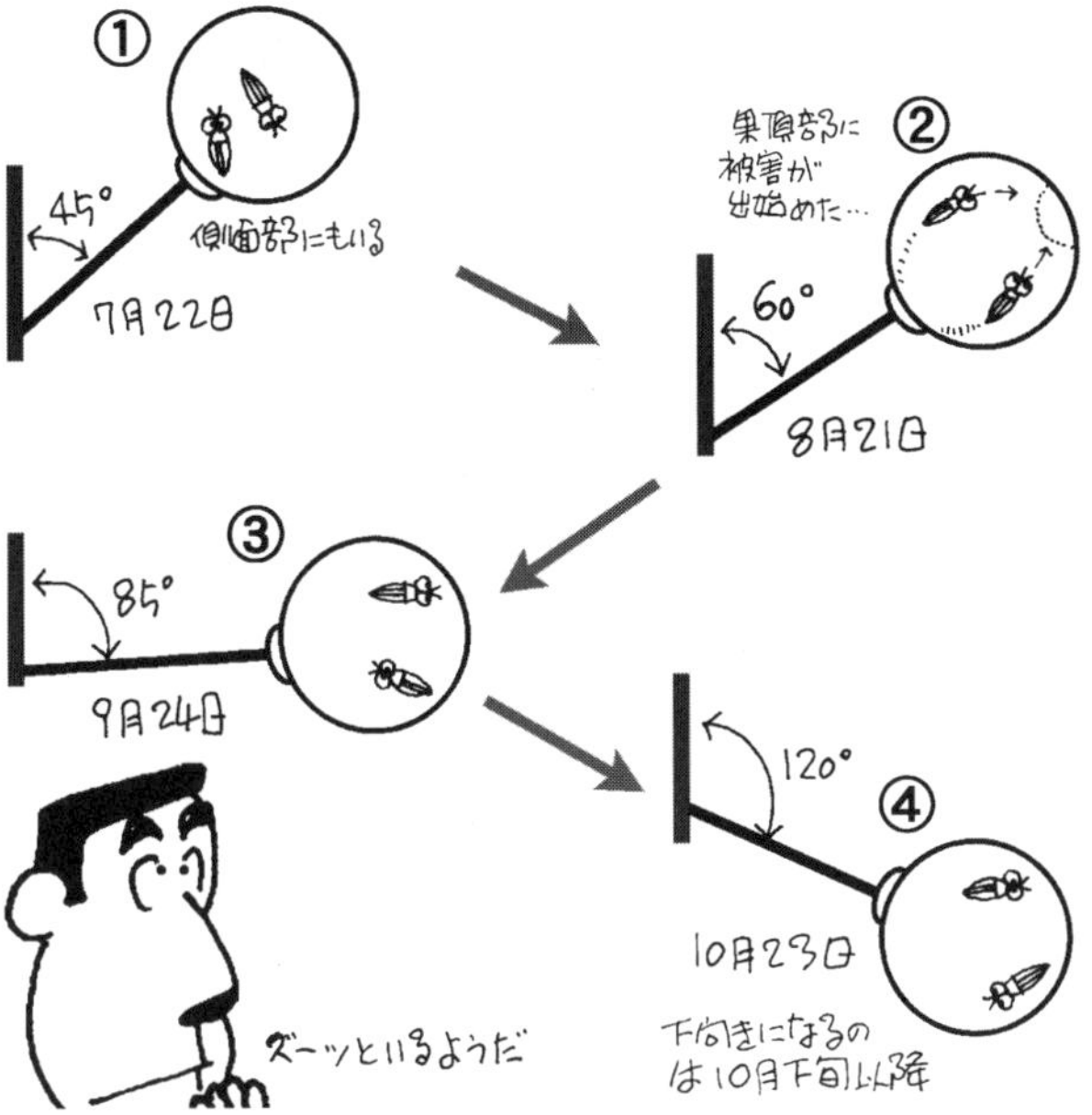

図19　温州ミカン果実着果角度の変化（多々良，1987）

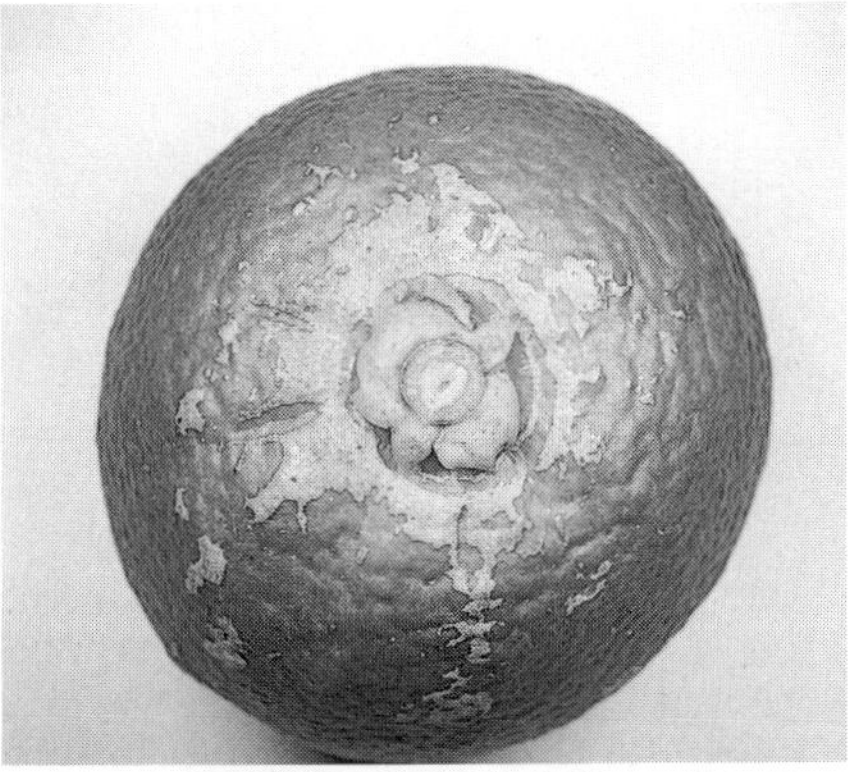

図20　果梗部に集中するネーブルの被害

〈ブドウでは……〉

チャノキイロはブドウが大好きである。新梢の茎や葉はもちろん、果実表面、それに果実が成る穂軸も加害の対象になる。

葉では葉脈を中心に被害を受け、ひどいと内側に巻いて奇形化する。チャの場合と同じように葉脈はカスリ状になる（図21）。

開花期に多発すると穂軸がひどく加害される。褐色にコルク化してもろくなり、果粒肥大の阻害や着色不良、収穫後の脱粒が激しくなる。当然収量にも大きく響く。しかしブドウで一番の被害は果粒への加害だろう。

幼果が激しく加害されると、表面がコルク化して肥大が悪化し、果汁が少なくなる（図22）。生食用はもちろん、加工用にも適さない。その後の加害では、褐色をしたリング状や雲形状の被害痕が果粒に発生する。温州ミカンの果頂部後期の被害と同じメカニズムで発現するものだろう。

しかしこの時期の被害は品種によってダメージは異なり、図23のようにネオマスカットなど緑色の品種は商品性が著しく損なわれるが、巨峰やピオーネ、デラウェアといった着色品種では傷が目立たず、緑色系品種ほどの商品性の低下はない。

図21（上）　ブドウ新梢葉の被害（デラウェア）
図22（下右）　デラウェア果実の被害
図23（下左）　ネオマスカット果実の被害
（いずれも柴尾学 原図）

〈カキでは……〉

いつ加害されたかが如実にわかるカキの被害はとても興味深い。

チャノキイロが加害をする場所は相も変わらず、狭いところ。開花期は花弁と子房が接した部位だし、落弁期以降はガクと子房（果実）の間だ。チャノキイロは常時ここで加害し、その痕が果実の肥大とともに外へ外へ出てくる。それがちょうどガクと相似形で、この模様が届いた位置で加害の時期が測定できる。

図24　カキ果実の被害　（増井伸一 原図）

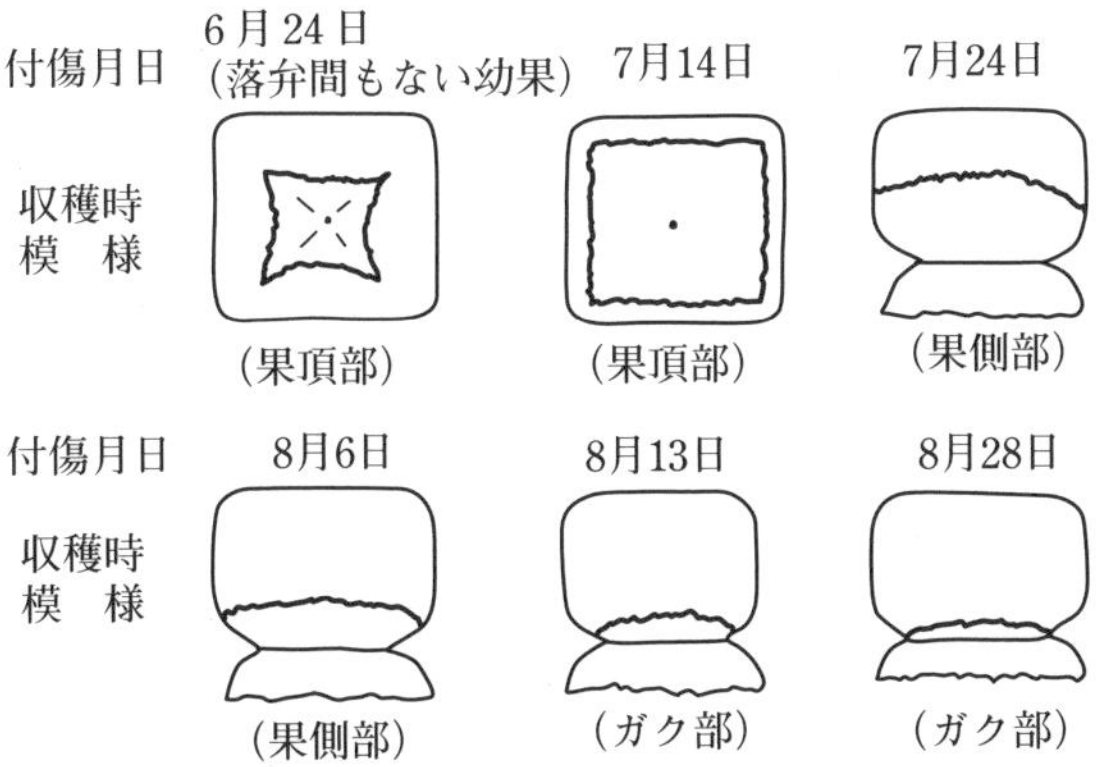

図25　カキの果実に傷を付けた時期と収穫時の被害部位　（田代重哉，1982）

たとえば、落弁後間もない時期に加害されると被害痕は果頂部まで届いてしまう。もう少し後の七月だと果側部に（図24）、八月になるとガクの周辺でとどまる。果実の生長が緩慢になるからだ。

図25は、ガクと子房の隣接部に傷を付け、傷を付けた時期と収穫時の被害部位を示したものだ。加害部はヒビ割れたカスリ状になるが、チャやカンキツほど白っぽくはない。おそらくリグニンの集積量が少ないからと思われる。

もう一つカキで面白いのは、同じ平核無でも、八月下旬を過ぎると被害に遭わなくなることである。果実にチャノキイロがいても平ちゃらになるのだ。その理由は、カキの表皮細胞に形成されるクチクラ層にある。

カキの成熟果では果頂部のクチクラ層の厚さは一四μm。前に述べたが、チャノキイロの口針はせいぜい一〇μm程度しかない。これではカキの表皮は突破できない。結果、クチクラ層が厚くなる成熟期後半は被害も受けないというわけだ。

　カキは品種によって被害程度が大きく異なるが、その理由もおそらくクチクラ層の厚さの違いによる。

　被害が激しいのは横野、甘百目、次いで次郎や伊豆、西条、それに禅寺丸で、富有や四ッ溝は少ないといわれている。もともとのクチクラ層の厚さが違うのだろう。ただ、チャノキイロが高密度になった場合は必ずしも定説通りではないようで、静岡県では被害程度が軽いといわれている四ッ溝もかなりの被害を受けている。

〈イチゴ、花では……〉

　イチゴでは親株からランナーをとるときだけ葉や葉柄が加害される。展開前の葉がおもに加害されるため、傷は深く、葉表の葉脈沿いに黒褐色の症状が現われる（図26）。また、葉が付いている葉柄も加害され、同様な黒褐色の被害となる。被害が大きいと生長が阻害されるが、そうしたケースはまれである。

　花ではバラ、トルコギキョウ、球根ベゴニア、アジサイなどの新芽が加害され、茶褐色のカスリ状の被害が生じたり、ひどい場合には新葉が変形する（図27、28）。これらの植物にはミカンキイロアザミウマも葉を加害するので、どちらの被害か区別つかないこともしばしばある。ただ、ミカンキイロアザミウマの場合は花も加害するのに対し、チャノキイロはしない。

　この中ではチャノキイロのお気に入りはアジサイで、盛んに増殖する。アジサイの葉は成葉になっても硬くならないため、たくさんの成幼虫が群がっているのがよく観察される。

図26　イチゴ葉の被害
（池田二三高 原図）

　ほかに花木では仏様に供えるシキミの被害が大きい。やはり新葉が加害され、奇形になったり、奇形にならないまでも葉にカスリ状の被害が生じる。シキミは葉を商品にするので、被害がでるとかなり深刻である。また、静岡県でミカン園の防風林として植えてあ

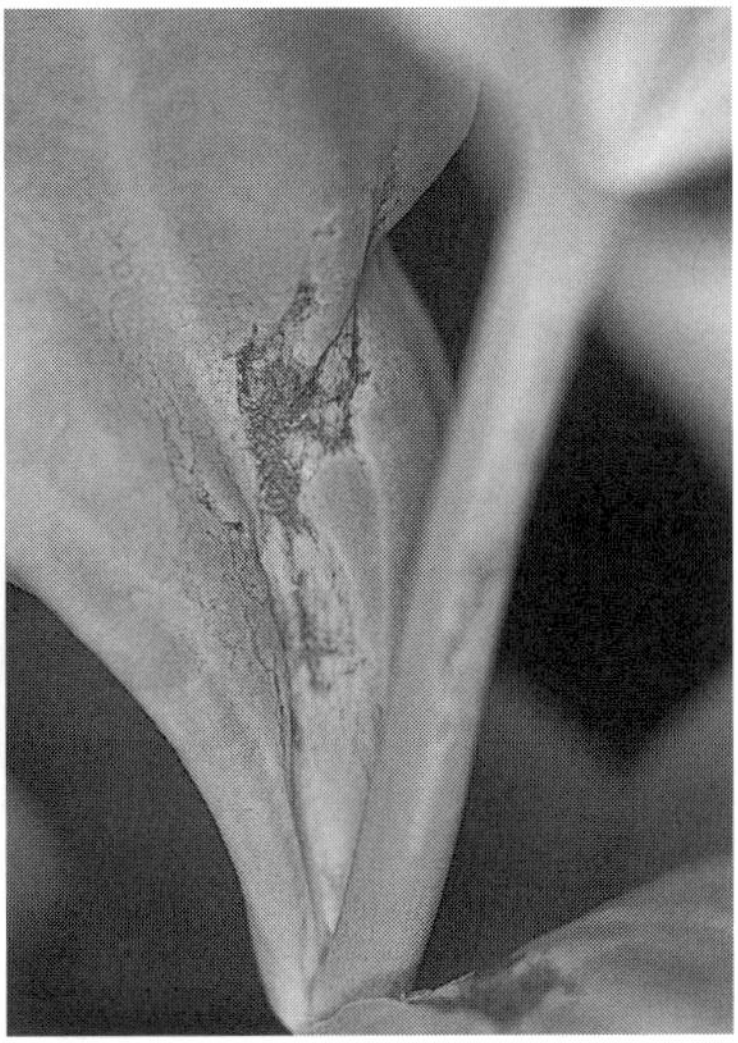

図27　トルコギキョウ葉の被害
（池田二三高 原図）

図28　アジサイ葉の被害
チャノキイロはアジサイが大好きだ

るイヌマキもかなり好きで、新葉が奇形になるほど加害されているのをよく見かける。

その他では、キウイフルーツやナシの葉も加害され、新葉が奇形になるほど加害されることがある。葉脈沿いに加害され、被害を受けた部位はカスリ状となり、ひどいときには生長が阻害される。一方、果実は表皮の性質から被害を生じないため、これらの作物では害虫としての重要性が低くなっている。

海外ではラッカセイ、マメ類、マンゴウ、綿花を加害することが知られている。沖縄や九州などで栽培されるマンゴウでは、新梢にかなりの被害を与えることが認められている。

4　世界で猛威を振るうチャノキイロ三兄弟

ご存知のように、生物の分類上の「科」の下に「属」という項目がある。似たような種がいくつか集まって、「属」をつくり、「属」が集まって「科」となる。モンシロチョウでいえば、シロチョウ科シロチョウ属のモンシロチョウという具合だ。

では、わがチャノキイロが所属するのは何かというと、アザミウマ科の*Scirtothrips*（スキルトスリップス）属で、一〇〇種類以上の仲間が世界中に分布している。とくに多いのはアメリカとアフリカで、中央アメリカから南アメリカ、オーストラリアやアフリカでいまでも次々と新種が記録され、今後も増える可能性がある。一方、アジアには少なくて、日本で記録されているのも、現在はチャノキイロともう一つ、種名がわかっていない種類の合計二種だけだ。

このスキルトスリップス属のなかで害虫として有名なのは、わがチャノキイロのほかカンキツアザミウマとアフリカカンキツアザミウマの三種だ。いずれ劣らず剛の者で各地で猛威をふるっている（図29）。

なおこの属にはまだ日本名がない。以下ではそこでカンキツアザミウマ属としておく。この属のスリップスはおもにカンキツを加害するためだ。

カンキツアザミウマ

(*Scirtothrips citri* (Moulton))

アメリカではカンキツの大害虫になっている。チャノキイロがカンキツをあまり好まないのに対し、こちらはカンキツが大好きで、新葉や果実上で盛んに増殖し、果実に大きな被害をもたらす。多くの農薬に対し抵抗性が発達しており、カリフォルニアやフロリダではおもにオレンジやレモンで防除に苦慮し、大きな被害が生じている。その程度は温州ミカンに対するチャノキイロの比ではなく、果実の半分以上を茶褐色のかさぶた状に変えて、発育を阻害する。

少々古いデータだが、一九七八年にカリフォルニア州のカンキツ類が受けた害虫による被害の二五％がカンキツアザミウマによるもので、その額は一億円にも及んだという。カンキツアザミウマが温州ミカンにどの程度の被害を与えるかわからないが、日本に侵入してきたらちょっと怖い。

カンキツアザミウマの大きさはチャノキイロと変わらないが、体色が淡い黄色で、翅が白っぽいため、区別は容易だ（区別する場面があるかどうかわからないが）。

アザミウマ類の中では珍しく、卵で越冬する。発育期間はチャノキイロと同じくらいだが、一匹のメスが産む卵の数は約二五〇と多く、増殖能力はチャノキイロより高い。日本へ侵入する可能性もあるが、低温に弱く、一齢幼虫は一八℃ですべてが死んでしまうため、気温の低いところでは定着できそうにない（たとえば静岡県では一八℃の限界は最低気温で六月上旬、平均気温で五月中旬にあたる）。今後温暖化の進行によっては日本に定着する可能

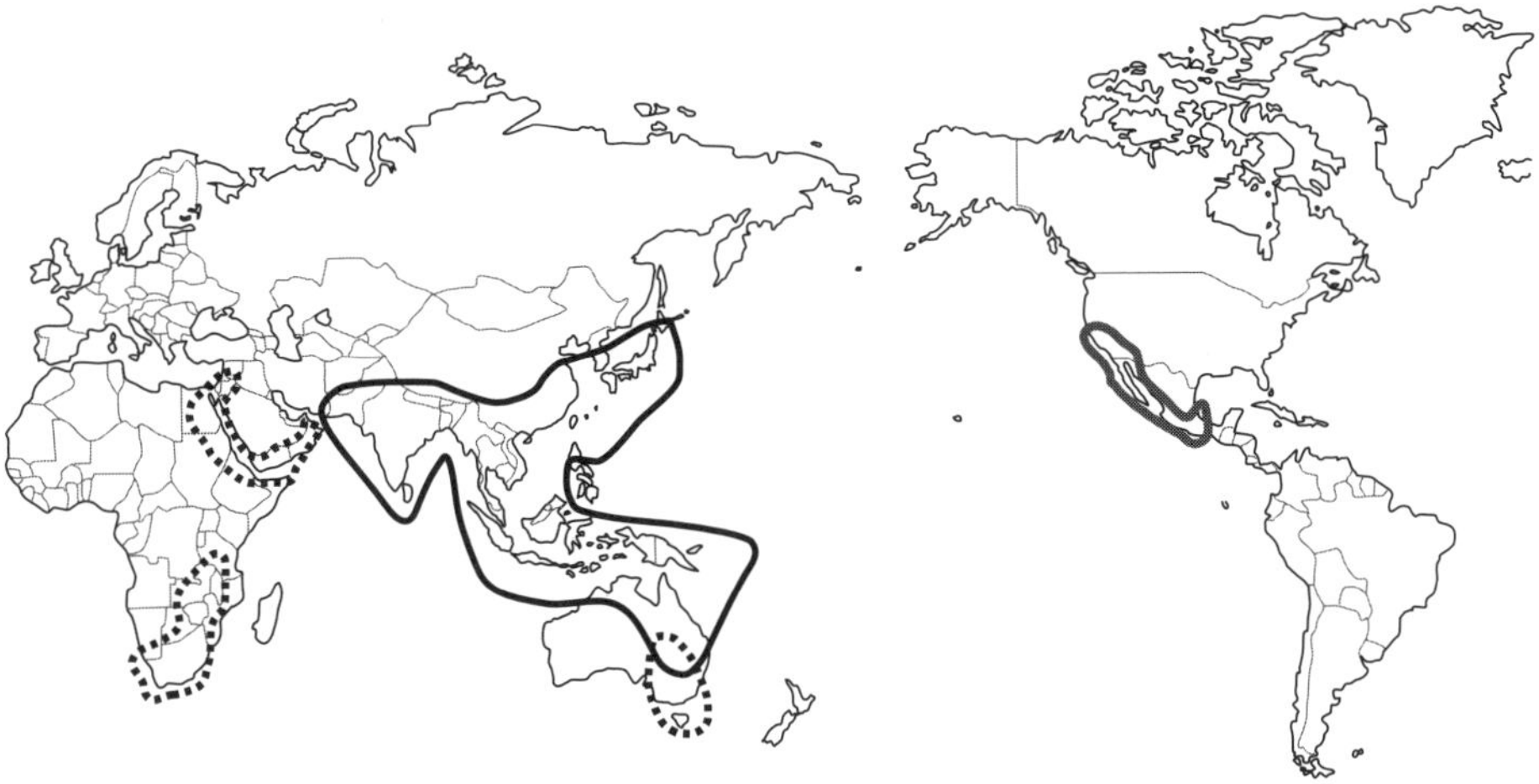

図29　チャノキイロとその近縁種の分布
（C.A.B Distribution Maps of Pests No.137, No.138, No.475を改変し，新記録を追加）
＊の付いた2種の和名は，筆者による仮名

性が高くなるだろう。

アフリカカンキツアザミウマ
（*Scirtothrips aurantii* Faure）

南アフリカの重要なカンキツ害虫であり、マンゴウの害虫としても生産者を悩ましてきた。一〇〇種類以上の植物を食べることが知られており、実害は少ないものの、マカデミアナッツの害虫としても記録されている。農薬に対する抵抗性も発達しているためか、最近では天敵（寄生蜂）による防除の研究が盛んである。

チャノキイロと大きさから色まで実によく似ている。区別点は前翅に後方に向いて生えている縁毛と呼ばれる毛で、直毛であればチャノキイロ、波形であれば本種である。といっても、見分けるには顕微鏡が必要で、肉眼での区別は難しいだろう。南アフリカの気候は日本とよく似ているため、日本に侵入して定着する可能性はかなり高いのではないだろうか。

現在では、西アフリカ、北アフリカ、イエメン、イスラエルに分布を拡大し、つい最近では二〇〇〇年にオーストラリアに侵入し、定着した。オランダではオーストラリアから輸入した作物で本種を発見し、水際で侵入を防いだと報告がある。日本でも二〇〇二年に南アフリカとジンバブエから輸入された切り花にカンキツアザミウマ属の一種が見つかっており、本種である可能性も否定できない。

生産者にはどうしようもないことだが、国や都道府県の関係者はこれからよりいっそうの注意が必要なアザミウマである。

なお、以上二種の日本語名（和名）はまだわが国にはなく、今回初めて勝手につけてみた。もっといい名前があればぜひご提案ください。

第2章

チャノキイロの生存戦略と意外な弱み

1　小さな虫のしたたかな一生

卵＝植物の組織内に産み込む

　昆虫が卵を産む方法は、飛行機から爆弾をバラバラ落とすコウモリガのような乱暴タイプから、カリバチのように一匹が成虫まで育つ量の餌を用意して、そこに一粒ずつ産むていねいタイプまでさまざまだ。チャノキイロの産卵は一粒ずつ植物の組織内に産み付けるやり方で、どちらかというとていねいなほうだ。

　メスは、腹部の先端の毛で産卵に好適な場所を探しあてると、産卵弁と呼ばれる器官を垂直にさし込み、斜めに押し込んでから産卵する（図30）。この作業にメスは一卵当たり一五～三〇分かける。虫にしては、けっこうな「産みの苦しみ」を味わっているかもしれない。

　一卵産むと、少し移動してまた産卵したり、食事をしてひと休みしたりして、同じ場所では続けて産卵しない。

　こうして、メス一頭で合計五〇個程度の卵を二五日かけて（二五℃条件）産んでいく。

　卵は乳白色をし、長さ〇・二mm、幅は〇・〇八～〇・一二mmのソラマメ型をしている。卵は先のような産み方で植物組織内に横たわるように置かれ、少し曲がった先端だけが組織の外に出る（図31）。

　アフリカカンキツアザミウマはチャノキイロと同様な産卵方法をとるが、卵は組織内で水分を吸収して膨張し、

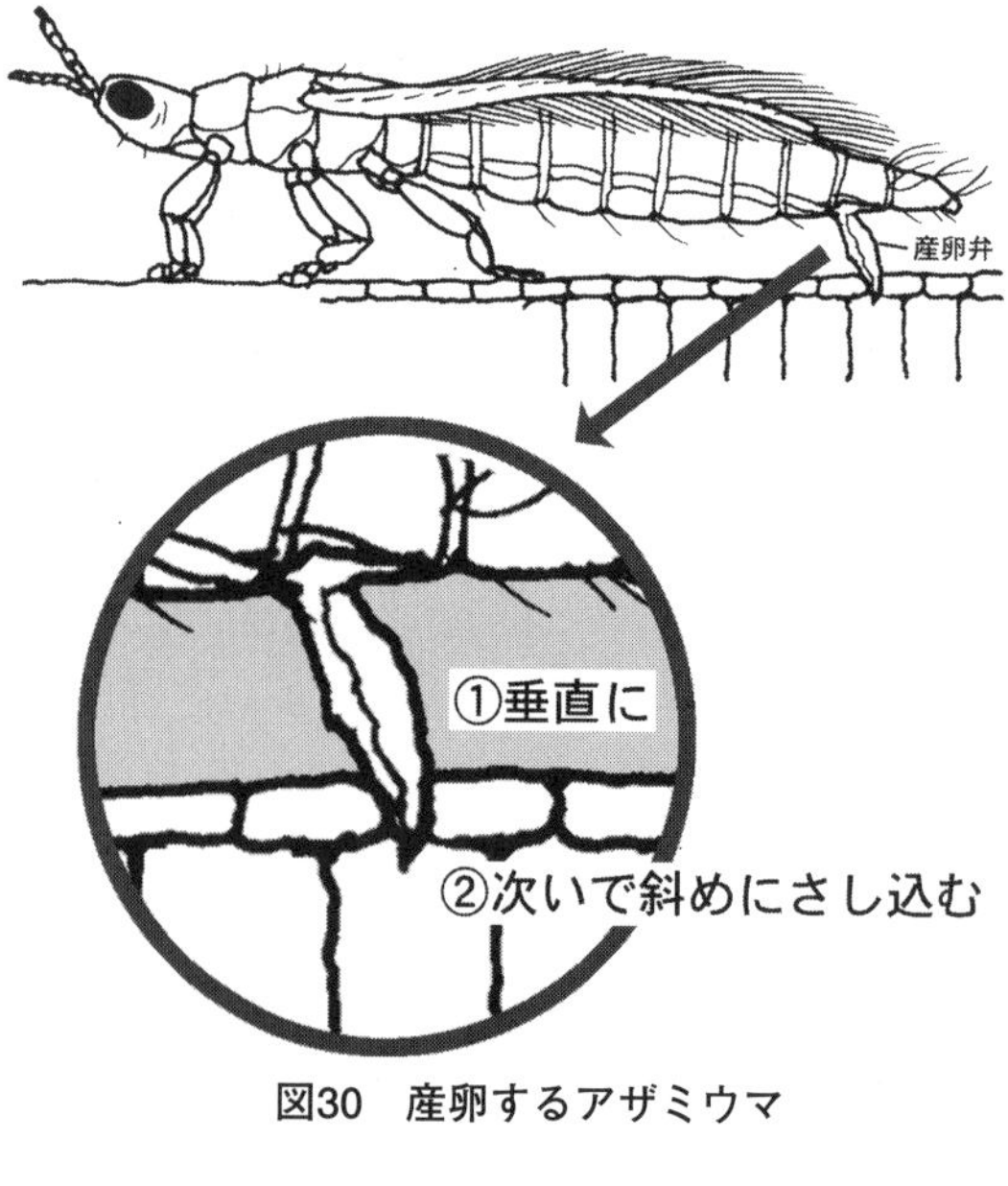

図30　産卵するアザミウマ

長円型に変形する。しかし、特殊なフィルムを通して水の中に産ませたチャノキイロの卵は水の中から取り出してもソラマメ型をしている。また、カンキツアザミウマの卵は完全に植物組織のなかに産み込まれ、産卵の際できた表面の傷は完全にふさがってしまう。近縁種でも産卵の様態はいくぶん違うようだ。

卵を見てみる

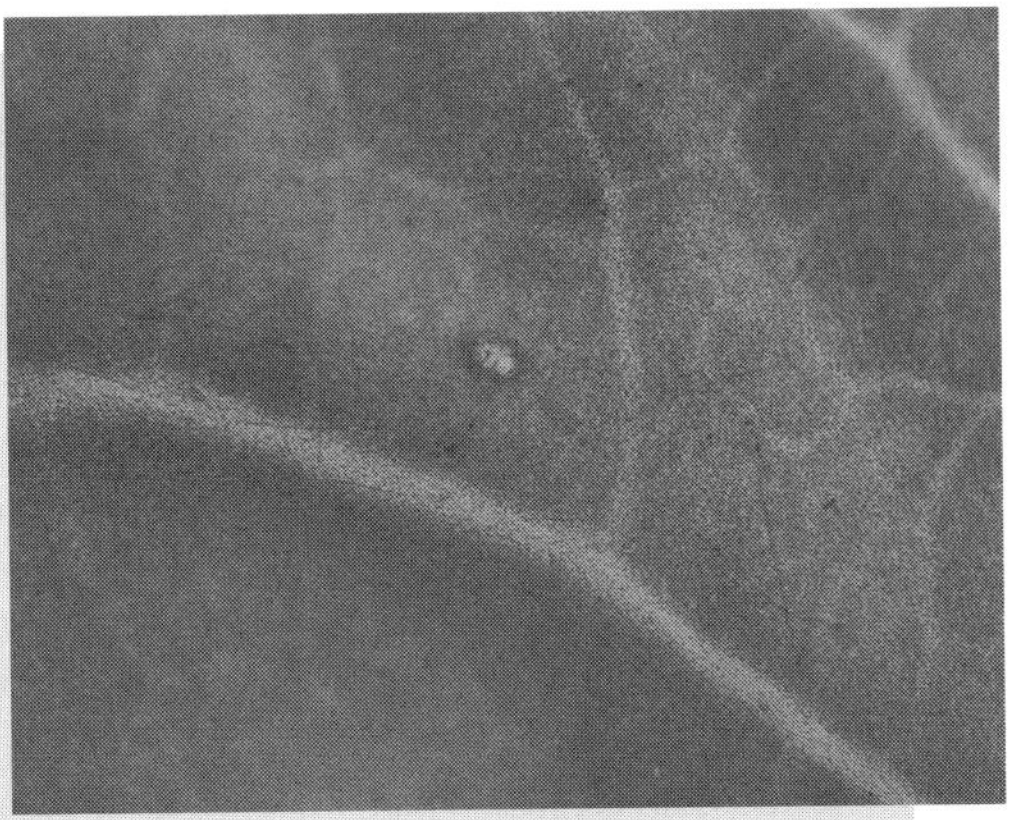

チャの葉に産み込まれた卵（下から光をあてて撮影）

実体顕微鏡をもっている方がいたら（この際、ぜひ一台やっぱり買ってください!!）、チャノキイロの卵を観察してみると面白い。顕微鏡のステージを透明ガラスにして下から光を当てて透かせば、容易に卵は見つけられる。観察には、硬くなりかけたチャの葉がいい。周囲より色が薄く見える長円型の部分が卵だ（写真）。幼虫が孵化したあとも同じように見えるけれど、その場合は表面に小さな穴が開いているので判別できる。

カンキツではチャと違って密度が低いので、見つかる確率は低い。とくに葉での産卵密度はとても低く、お勧めできない。やるとすれば果実の表面に産んだ卵だが、スライドグラス（透明なガラスだったら何でもいい）の上に果皮を薄く切り、切り口を下にして並べる。果皮を全部切るのは大変なので、産む頻度の高い果梗部を中心に観察する。カキではガク片で簡単に観察でき、見つけやすい。

どの作物でも、産卵してしばらく時間が経過すると卵と接している組織が褐色から黒色に変化し、卵を取り巻くように長円型の形が浮かび上がるので発見しやすくなる。

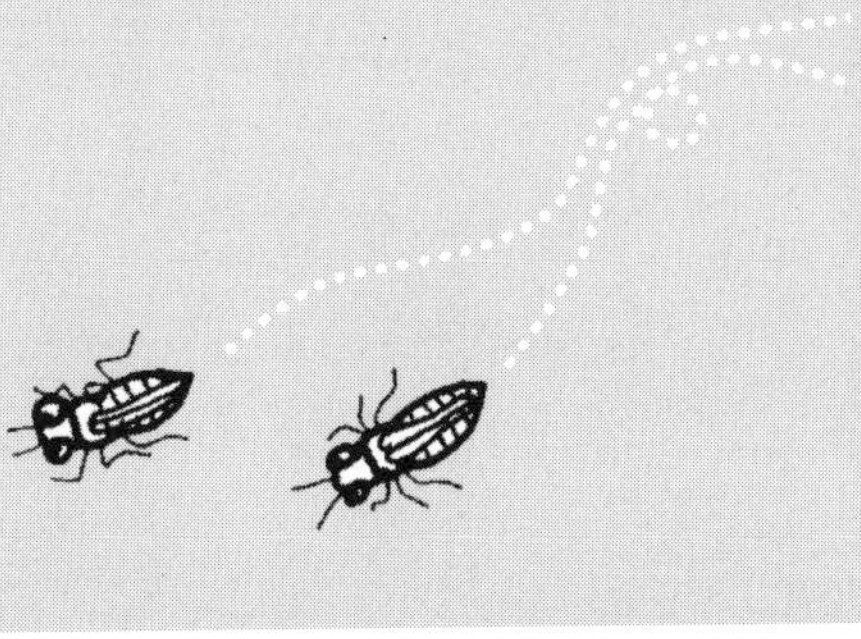

チャノキイロは柔らかい組織に好んで産卵するが、まだ展開していない芽のように柔らかすぎるのもだめで、あまりこうしたところには産卵しない。やはりそれなりの硬さは必要なのだ。硬すぎず、柔らかすぎず、どちらかというと柔らかめの組織、といったところが好みで、チャでは新葉の裏側が中心だが葉柄にも産卵する。カンキツでは新葉、葉柄、果実表面、ガクなどが多く、カキではガク片にもっとも多いが、葉にも産卵する。

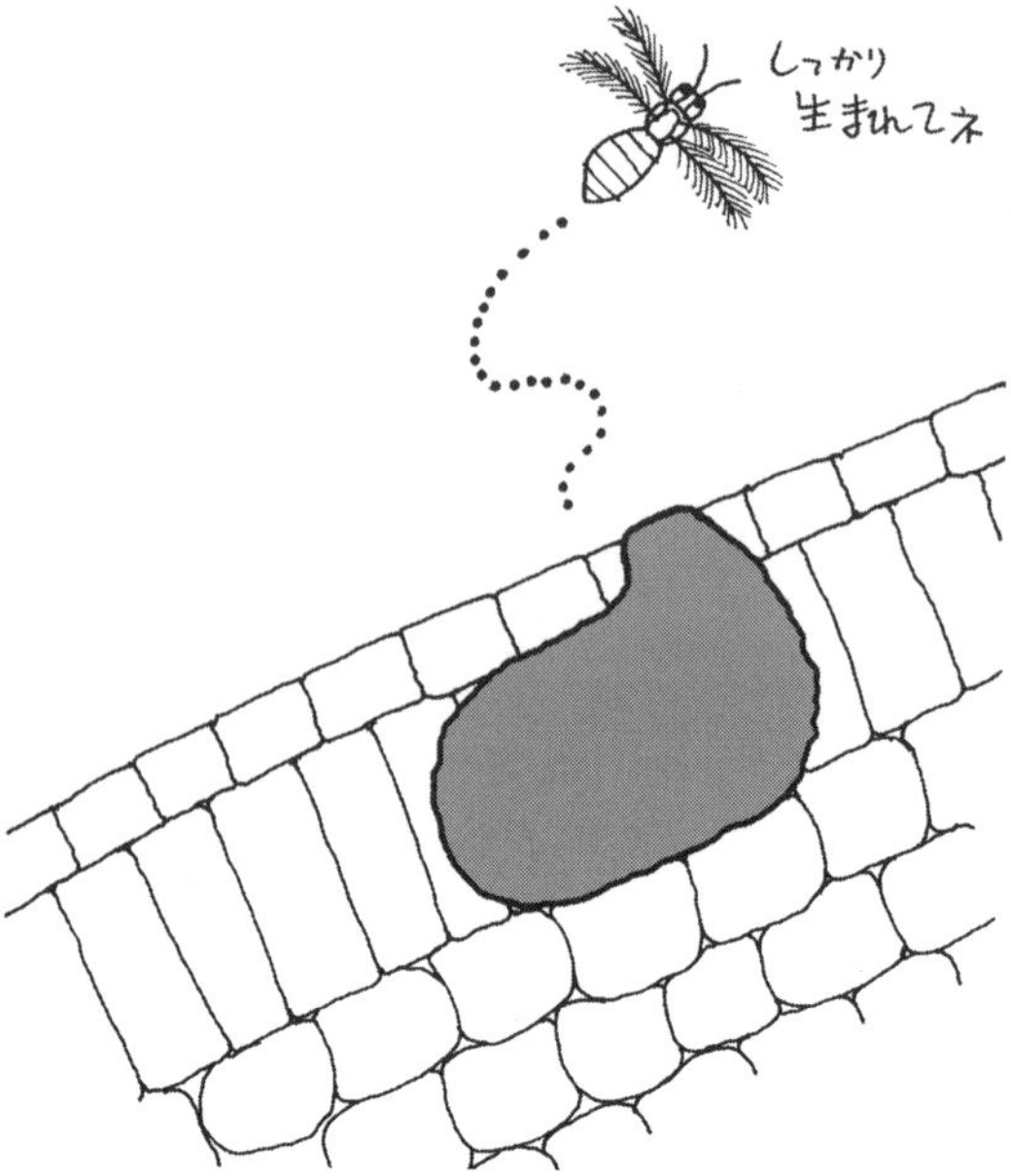

図31　チャノキイロの卵（イメージ）

幼虫＝ひたすら食べる二齢時代

卵は成熟すると植物上に露出した部分が円形に切り取られ、そこから幼虫がふ化する（図32）。卵からふ化したばかりの幼虫は卵と同じ乳白色で、体長が〇・三㎜、お腹も膨らんでおらず、とても弱々しい姿をしている（図33）。その後二五℃条件（静岡県で七月中旬頃の平均気温）で二日もすれば体長が〇・五㎜くらいになり、二齢幼虫に脱皮する。

チャノキイロ被害のメーンステージがこの二齢幼虫時代だ。とにかく食べる食べる。どんどん食べないと大きくなれない、どころか死んでしまうため、ひたすら食べ続けるのである。

図34を見てほしい。それぞれの発育ステージの虫五匹ずつに直径三㎝のサンゴジュの葉を四〇時間食べさせた結果である。被害の程度は成虫のほうが大きいが、加害の集中度は二齢幼虫のほうが激しい。とくに円周の一部に加害が集中しているのがわかる。サンゴジュの葉の表面に上からあてがったアクリル筒の内側に沿うように、二齢幼虫が加害した痕《あと》なのである。

二齢幼虫は拠りどころになるような隅っこのかくれ場所があると、そこをあまり動かず集中的に加害するということである。これは、温州ミカンの幼果に虫をつけた場合も同じ結果だった。

チャノキイロによる作物の被害は、この二齢幼虫が主役だと考えられる。しかし食べ物があるかぎり隠れていてあまり移動しない。農薬がかかりにくいのも、この時期のチャノキイロだ。

図32（上）卵からふ化する幼虫
図33（下）とても弱々しい感じの一齢幼虫

■幼虫から蛹へ

二齢幼虫が食べ続けるのは三日間足らずなのだが（二五℃条件で）、それでもこれだけ加害が集中すれば被害は決定的になる。チャノキイロのほうはこの三日間で体長も〇・八mm程度になり、そろそろ脱皮の時期を迎える。その頃には体色も濃い黄色に変化し、たらふく食べたせいか腹部もプクッとふくらんできている（図35）。

また、それまで逆さになっても平気だった歩行もしだいに覚束なくなってくる。足の先端にあった胞囊《ほうのう》と呼ばれる部位が消え、そこから分泌されていた粘着性物質が出なくなるからだ。この機能はアザミウマ特有のものでなく、昆虫でもかなり一般に見られる。それが脱皮が近づくにつれてなくなる。カンキツやチャなど樹皮が滑らかな作物では地上に落下して物陰に隠れ、ブドウやカキなどでは粗い樹皮の隙間に入りこむ。そこでそれぞれ蛹になるためだ。

チャノキイロの蛹の期間は短いため農薬で叩くのは難しい。物理的な方法も見つかっていない。蛹をターゲットにした防除は残念だが難しい。

蛹《さなぎ》＝二つのステージをもつ

幼虫から形態があまり変わらず、成虫には生殖器や翅《はね》だけが変化する変態を「不完全変態」という。原始的な昆虫に多く、ゴキブリやバッタ、ウンカ、カメムシなどがそうだ。しかし進化が進むにしたがって、幼虫の時代はひたすら食べて体を大きくすることに専念し、成虫になるとまったく異なった形態に変化して、こんどは子孫を残すことに専念する、そんな変態の仕方に変わってきた。「完全変態」と呼んでい

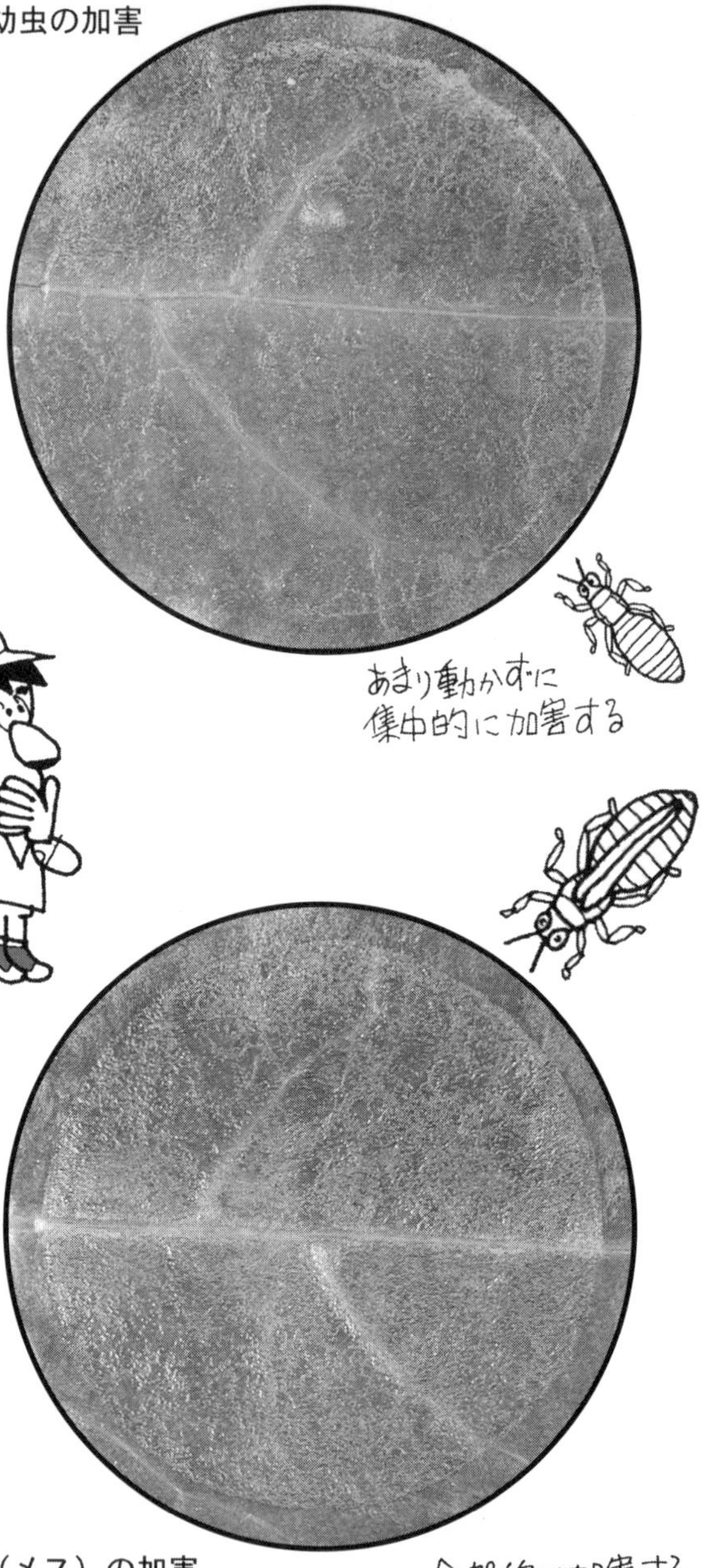
二齢幼虫の加害
あまり動かずに
集中的に加害する
成虫（メス）の加害
全般的に加害する
図34　幼虫と成虫の加害特性（サンゴジュの葉に5匹を40時間接種）

る。

　アザミウマ類は不完全変態の範疇に入るが、何も食べない蛹になるステージがあり、まったくの不完全ともいえない。「完全変態」との間に位置している。

　また、この蛹の時代、アザミウマ類は動く足があって、少しなら移動することもできる。チョウやコガネムシの蛹にはないアザミウマ類の特徴だ。

図35　腹部がプクッとふくらんだ二齢幼虫。そろそろ脱皮も近い

　私は中学生のときからチョウやカブトムシが好きで、大学では小さなガを研究したが、歩き回る蛹があるとはじめて知ったときは驚いたし、しかもそれが、二つの生育ステージをもっていると聞いたときは、何でと思ったものだ。いや、なかにはクダアザミウマのように三つもの蛹のステージをもつものさえいるというに至っては、呆れてしまった。

　何も食べないのに、二つも三つも蛹のステージをもつことにいったいどんな意味があるのかと思うが、いずれにせよ、最初の蛹のステージを一齢蛹（図36）、次を二齢蛹（図37）と分けて呼んでいる。

■アッという間に変態

ステージが二つあるといっても、一齢蛹の期間はとても短い。二五℃条件で一日程度だ。二齢幼虫から二齢蛹までを、たった一日で変態することもある。この場合は、一齢蛹のステージを終えるのに二四時間もかからなかったことになる。二齢蛹のステージは、同じ条件で二日程度である。

　チャノキイロは卵期間が約一〇日、幼虫期間が約五日だから、この一齢蛹と二齢蛹の両期間約三日を合わせて、約一八日で成虫になる。このスピードはほかのアザミウマに比べて遅く（ミカンキイロは一二日、ミナミキイロは一三・六日）、ほかの害虫、たとえば薬剤抵抗性が問題となっているハダニ類（一〇日）やコナガ（一六日）に比べても遅い。しかし一カ月以上かかるハマキムシ類やカイガラムシ類よりはずっと速い。

　薬剤抵抗性は発育スピードだけで決まるものではないが、一つの目安にはなる。つまり、チャノキイロの抵抗性は、ハマキムシやカイガラムシに比べると早く発達し、ハダニやコナガほどではないということである。

■蛹で過ごす場所

チャノキイロの蛹時代は多少移動できるとはいえ、たいていはじっとして成虫になる準備をしている。その場所は寄主植物で異なるが、もともと狭い場所が好きなうえ、蛹は無防備なのでいっそう狭いところを好む。カキのように身近に樹皮など隠れる場所がたくさんある寄主植物では、そこで蛹の時代を過ごす。

困るのはチャやカンキツのように適当な隙間を見つけにくい寄主植物の場合だが、その場合は地表に落ちて枯れ葉などの下に隠れて成虫になるのをじっと待っている。ただ、身近に狭い場所があればいちいち危険を冒してまで地表に行く気はないようだ。チャでも、チャノホソガの幼虫が巻いた葉の中で蛹になっているチャノキイロをよく見かける。

要は、幼虫が蛹になるときに潜り込んだ場所と羽化する場所はほとんど一緒ということ。考えてみれば当たり前で、一齢蛹一日、二齢蛹二日で脱皮してしまうのだから、あちこち動いている暇もないわけである。

図36（上）一齢蛹　体長は0.6〜0.8mm。触覚を前にのばしているのが特徴

図37（下）二齢蛹　体長は0.6〜0.8mmで一齢蛹，また成虫ともそうかわらない。触角を指のほうに曲げ，翅《し》芽《が》（翅の原基）が長い

■成虫になる

さて、短い蛹の期間を過ごした後、蛹から成虫が羽化する。羽化後は、翅が硬くなるまでしばらくじっとしていて、飛べるようになると、開けた場所

まで歩行し、寄主植物を求めて飛び立つ。
越冬世代は、羽化した場所にじっとしていて、気温が一〇℃以上になると活動し始める。

図38　成虫になったチャノキイロのメス（サンゴジュの葉上）

成虫の繁殖戦略

アザミウマ類のメスが交尾するタイミングは、種によってさまざまだ。すでに蛹のときに生殖器官が成熟して交尾する種や羽化後ただちに交尾する種、成虫（図38）になってから二〜三日で交尾する種などがある。

チャノキイロの交尾生態はまだよくわかっていない。しかし成虫同士の交尾は観察されているので、それ以外のステージはともかく、少なくとも羽化後に交尾するのは確実と考えられる。もっともメスは交尾をしなくても産卵できるのだが、これについては少し後でふれる。

■卵の数は意外に少ない

メスは交尾していてもいなくても、

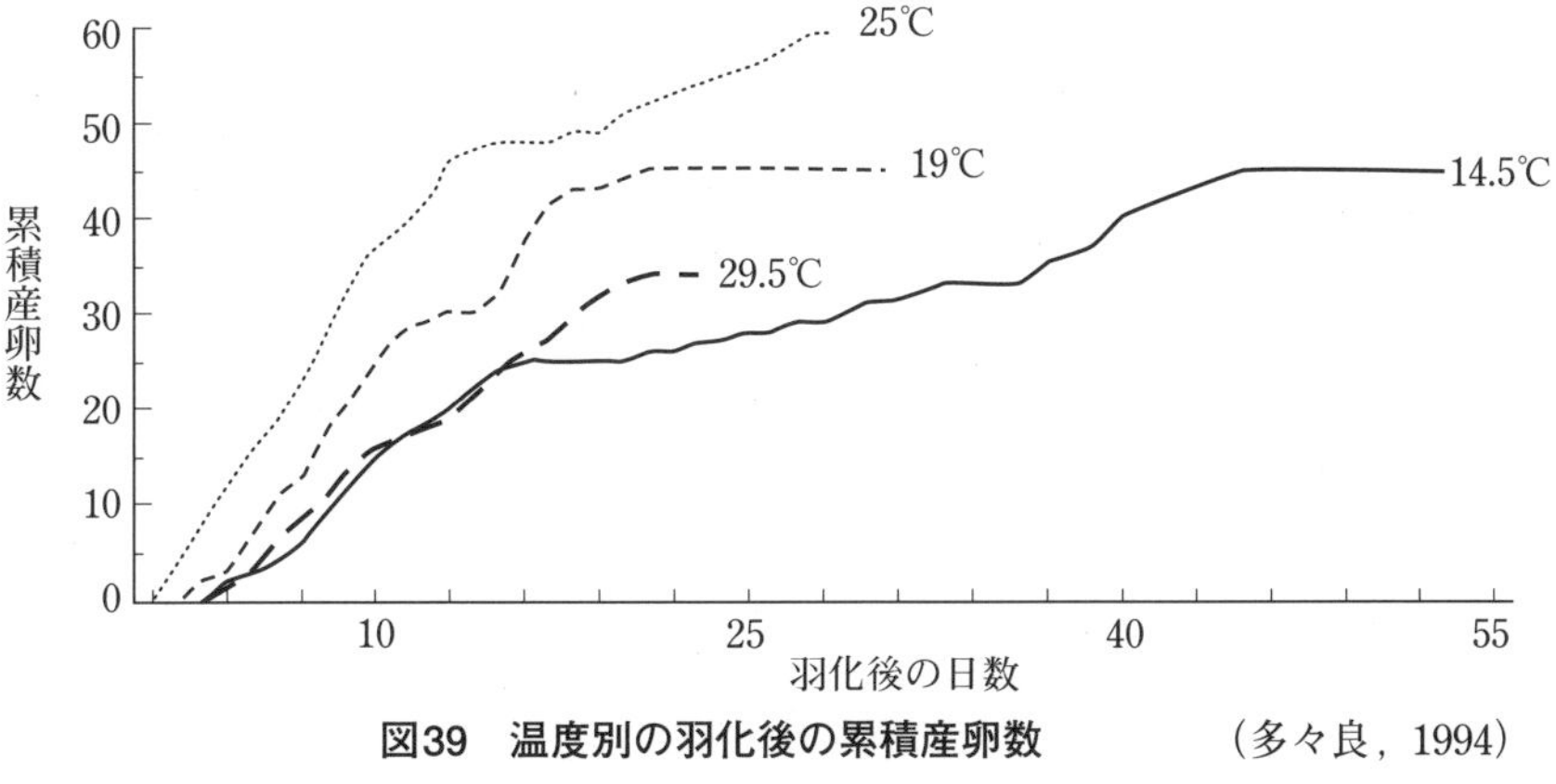

図39　温度別の羽化後の累積産卵数　（多々良，1994）

表5　害虫の産卵数と増殖程度の比較

害虫名	産卵数/メス	世代数/年	年間増殖率*1
チャノキイロアザミウマ	50	8	3,000億
カンキツアザミウマ	250	8～10	1,500京*2
ミカンキイロアザミウマ	150～350	10～12	200垓*3
＜チャの害虫＞			
コカクモンハマキ	135～195	4	18億
チャハマキ	400～700	4	300億
チャノホソガ	20	6～7	600万
クワシロカイガラムシ	50～100	3	25万
カンザワハダニ	40～50	9	7.6兆
＜カンキツの害虫＞			
ヤノネカイガラムシ	160	3	100万
ルビーロウムシ	480	1	480
ミカンコナジラミ	40～120	3	43万
ミカントゲコナジラミ	40～50	4	78万
ミカンハダニ	26～32	8～13	2兆
ミカンサビダニ	20	14～16	3,200京*4

*1　生育途中の死亡がまったくないと仮定した場合，1匹のメスが最後の世代で何匹になるかを計算した数字
*2　1京＝10000兆
*3　1垓＝10000京
*4　メスだけで増殖するとして計算（単為生殖）

羽化して一〜二日から産卵し始める。どの温度条件下でも羽化後一五日目までの産卵数が多く推移し、一二日目までに総産卵数のほぼ八〇％を産む（図39）。

一匹のメスが産む卵の数は二〇℃前後で飼育したときがもっとも多く、前にも述べたように約五〇個である。アザミウマとしてはやや少なく、ヒラズハナアザミウマの約五〇〇個、カンキツアザミウマやミカンキイロアザミウマの約二五〇個と比べると、ずっと控えめ（?!）なほうだ。

とはいえ、ハダニを食べるハダニアザミウマなどはたったの六個。それと比べるとまるで少ないわけではない。では、他の害虫と比べた場合はどうだろう。

表5は発育の途中の死亡がないと仮定し、一匹のメスが最後の世代で何匹になるかを試算した数字だ。試算なので、ここではオスとメスの比率は一対一になるものとしている。

ご覧のように、チャノキイロのメス一頭当たりの産卵数はやはり少ない。コカクモンハマキの一三五〜一九五個やヤノネカイガラムシの一六〇個などに比べると下位にある。しかし、年間

の世代数では比較的上位にあり、産卵数の少なさを回転率で補っている感がある。その結果、チャノキイロの年間増殖率は他のアザミウマやハダニ、サビダニに遠く及ばないまでも、そこそこ健闘して（?!）上位に食い込んでいるのだ。

比較のための机上の計算であり、野外の昆虫は九〇％以上が死んでしまうことを考えれば、現実にはあり得ない数だが、能力としてそれだけ増える力をチャノキイロはもっている。

いや、植物組織の中に上手に卵を産み、幼虫は狭いところに隠れて外敵から逃れ、さらに有力な天敵が少ないことを考えると、その総合得点はもっと高いものになるかもしれない。やはり手ごわい相手なのだ。

なお、世代数とは〝卵〜成虫〟を一年間にくり返す数で、いうなれば種の回転率みたいなもの。ミカンハダニやミカンサビダニなどは、チャノキイロに比べてはるかに回転率が高いが、今度は逆にメス一頭の産卵数がチャノキイロより少ない。こちらは、産卵数の少なさを回転率で補っている感がある。

それにしても、カンキツアザミウマやミカンキイロアザミウマの増殖力はその両者ともすぐれ、京《けい》とか垓《がい》とか、聞いたこともないような単位にまでなってしまう。とてつもないやつらである。

オスを産むのにオスはいらない！

先に、メスは卵を産むのにオスは不要と述べた。メスしかいなくても子孫は残せるわけだ。ただし生まれるのは皆、オスである。つまり受精するとメス（一部はオス）、しないとオスになる。これを「産雄性単為生殖」といい、アザミウマ類だけでなくハダニ類などでも広く見られる。

チャノキイロは蛹になると、体の大きさや腹部のプクッとしたふくれ具合で性別がわかる。一匹のメスを蛹で取り出し隔離して飼育してみると、やがて卵を産み始めるのだが、これがかえってみると皆オスで、わかっていても不思議な気がする。

■産雄性単為生殖のすごいわざ

こんな変な（?!）生殖を行なうかどうかも実は、薬剤抵抗性の発達スピードを見る目安になる。

ミナミキイロアザミウマ、ミカンキイロアザミウマ、カンザワハダニ、ミカンハダニ、ワタアブラムシなどは効く薬剤がくるくる変わり、農家を悩ましている害虫だが、みんなこの単為生殖を行なうのである。では、なぜこの生殖方法が抵抗性獲得に有利なのか、

図40をもとに見てみよう。

まず、ここに一頭の完全に抵抗性を獲得したメスがいるとする。そして彼女が薬剤感受性のオスと交尾する。生まれた子（♀）は感受性半分、抵抗性半分の遺伝子をもち、抵抗性が優性だとすると発現型として抵抗性の個体となる。

次にこの子の兄弟、つまり先のメス親が単為生殖で生んだオスたちだ。こちらはいずれも完全な抵抗性の遺伝子をもった抵抗性の個体となる。

その次の世代はどうだろう。先ほどの感受性半分、抵抗性半分の遺伝子をもった子（♀）が、感受性のオスと交

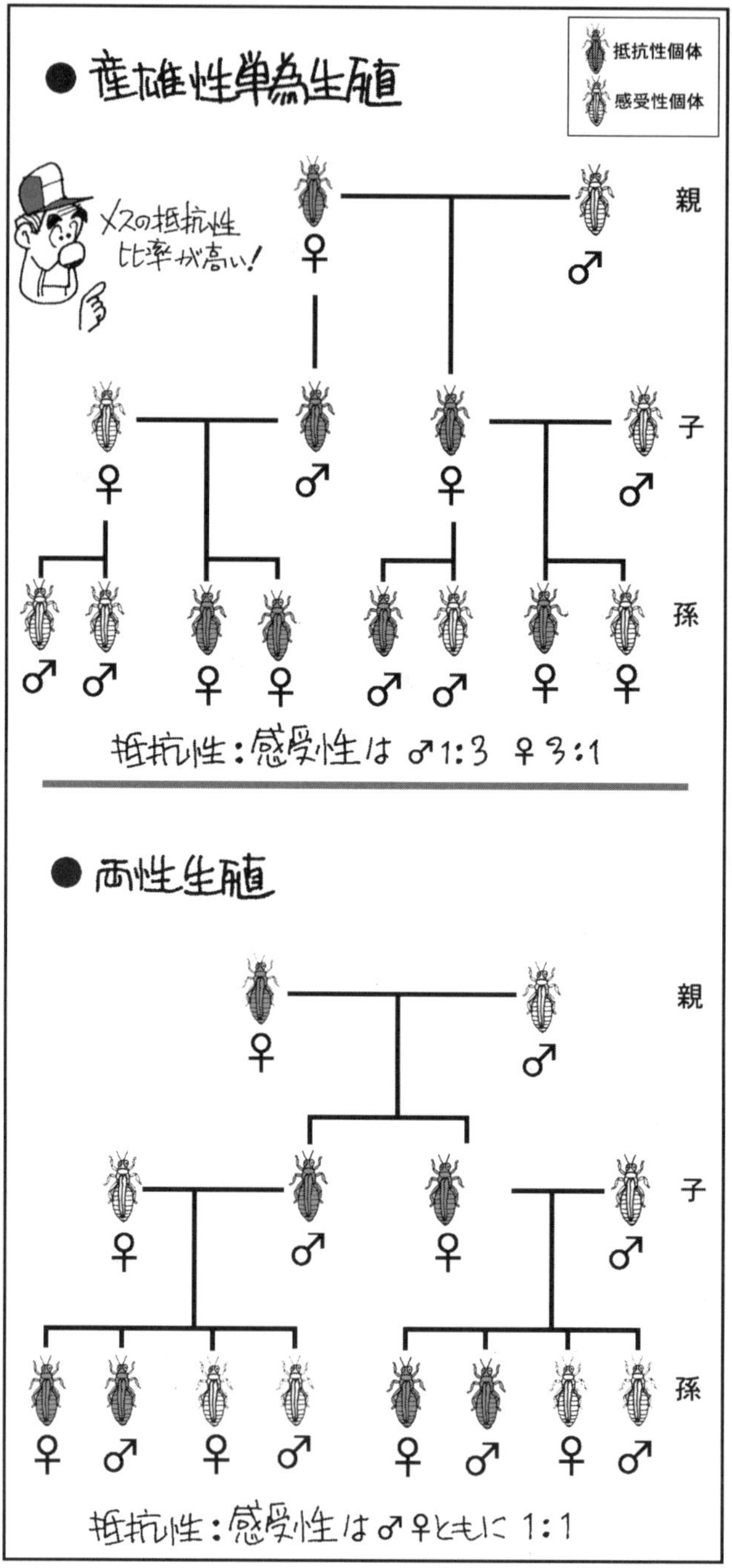

図40　生殖の違いによる抵抗性の現われ方

尾したとすると、その子（孫娘になる）の半分は感受性に戻ってしまう。単為生殖した子（♂）も半分は感受性だ。だが、最初の子の兄弟、完全な抵抗性の遺伝子をもったオスが感受性のメスと交尾すると、その子（やはり孫娘たち）はすべて抵抗性の遺伝子をもち、発現型としては抵抗性の個体となる。

以上を両性生殖の場合と比較するとどういうことになるか。

両性生殖を行なう孫の世代は、抵抗性と感受性の比率がオス・メスともに一対一になる。産雄性単為生殖も同様に全体では一対一だが、オスとメスで異なる。オスは一対三で抵抗性の比率が低いが、メスは三対一と高くなる。子を産むのはメス。そのメスの抵抗性比率が高いのは、抵抗性遺伝子を子孫に伝えやすいことを意味する。

また、農薬を散布して残るのは、抵抗性の遺伝子をもっている個体だ。産雄性単為生殖の場合、残った抵抗性のオスは抵抗性遺伝子しかもっていないので、感受性のメスと交尾してできる子はすべて抵抗性のメスになる。

一方、両性生殖では抵抗性半分、感受性半分の遺伝子をもっているオスも生き残るが、感受性のメスとの間にできる子は抵抗性と感受性が半々となる。また、薬剤散布で残ったメスが産むオスはすべて完全な抵抗性個体なので、農薬散布下においては、両性生殖よりかなり速いスピードで抵抗性が発達することになるのだ。

ハダニやこのチャノキイロを始めとするアザミウマ類などで薬剤抵抗性の発達が早いのは、こうしたところに理由がある。

■野外で変化する性比

ただ、実際の野外の性比は変化する。チャ園にいるチャノキイロの性比を一年通して調べてみると、越冬後はメスが多く、しだいにオスが多くなる。そして、メスとオスが二対一の飼育条件下の性比に近づくと、それに反発するようにメスが多くなるのだ。

私が調査した年は二カ月の周期でこれをくり返し、秋になって冬が近づくとメスの割合が高くなった。ほかのアザミウマでもこのような温度や環境の変化による性比の変化が観察されている（図41）。

また一年間を通じた性比を見ると、チャ園では実験室内で増殖させたときと同じ二対一になるが、温州ミカン園はこれと異なり、平均するとほぼ一対一で、オスの割合が高い。

これは第1章でも述べたが、チャノキイロはカンキツをあまり好まない、したがってあまり増殖もしない、つまりメスも少ないところへ、活動的なオスの侵入が絶えずあり、性比を均衡さ

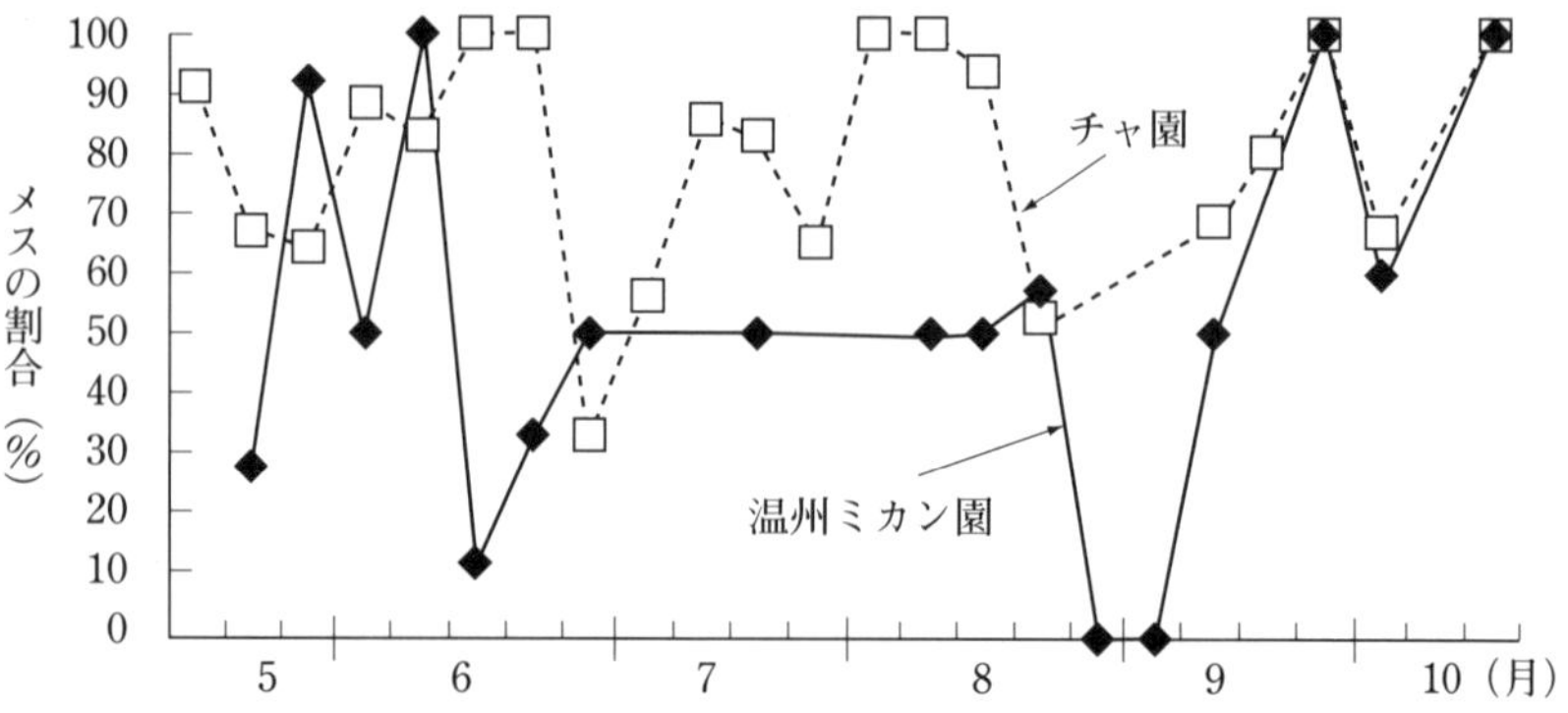

図41　チャ園と温州ミカン園におけるチャノキイロの月別性比の変化

（多々良，1995を改変）

注）月ごとにプロット数が少し異なるのは調査回数が違うため。すなわち5月–3回，6月–5回，7月–4回，8月–5回，9月–4回，10月–3回の調査を行なった

せているからなのだ。

二対一という本来の性比が、一対一に乱れてしまうのは外から侵入する個体がつねにいるという証拠だ。

意外と長寿
——五〇日以上生きるメスもいる

成虫の寿命は温度によってかなり違うが、体が小さく軟弱なわりにチャノキイロは長寿の虫だ。とくにメスは長生きで、二九・五℃では約二一日、一四・五℃ではなんと五〇日以上も生きる。なかには、自分の子の成長を見届ける親もいるほどだ。これは虫の中ではとても珍しいことだ。

もちろん、生育の途中で死亡する幼虫もいるし、アクシデントで死ぬ成虫もいる。とくにチャノキイロのような小さな虫は水滴に弱く、雨が続くと空腹に耐えかねて動き回り、つい水滴に足をとられて死んでしまう個体も多くなる。

ほかにも、飢えや天敵による捕食、病気などさまざまな原因で死ぬ。が、個体として見た場合のチャノキイロの寿命は虫としては長いほうだといえる。越冬する成虫などは、途中「休止」期間を挟みながら五カ月以上も生きることになる。

蛹か成虫で越冬

虫には、日が短くなったり温度が低くなったり、餌植物の状態が変化したりして、発育環境が悪くなると活動を止めて眠りに入るタイプと、活動は停止してもある一定以上の温度になるといつでも動き出すタイプがある。前者を「休眠」、後者を「休止」と分けているが、チャノキイロは後者だ。

二つの相違は、「休眠」がその状態に入ったときの条件が一定期間続かないと眠りから覚めないのに対し、「休止」はそうした条件がないことである。たとえばモンシロチョウの蛹は正月にぽかぽか陽気が続いても、チョウにはならない。三～四カ月は低温が続かないと休眠から覚めないのだ。しかし、チャノキイロは一定の条件を満たしさえすれば、いつでも活動を始められる状態にいる。

そんなチャノキイロは冬の間は成虫か蛹の状態でじっとしている。野外では成虫か蛹でないと越冬できない。

越冬成虫の状況をつかむ

地表面トラップ

チャノキイロの越冬状況を調べるときは、写真のような「地表面トラップ」を使う。ふたのない箱を伏せ、底に直径五cmぐらいの穴を開けて、粘着剤や粘着テープを貼ったガラス板を下向きにしてかぶせただけの装置だ。風で飛ばされないように注意する。

箱が大きいほど捕獲率は高いが、増殖に適したチャ園などでは二〇cm四方で十分だ。一週間置いて虫が付いているかどうかを観察する。続けて観察したい場合はトラップを移動して調べる（表）。

暖地では二月下旬、寒冷地では四月上旬頃から調べる。毎年同じほ場で調べれば越冬量が比較できる。

地表面トラップによる年間総捕獲数（1トラップ当たり，静岡県）
（多々良，1995）

調査ほ場	トラップ数	1984年	1985年	1986年
杉山温州	2	―	43.0（31）	42.5（32）
青島温州	3	10.0（32）	2.6（26）	3.3（32）
早生温州	3	―	25.3（26）	18.7（32）
ネーブル	3	1.7（32）	―	―
チャ	3	503.0（32）	712.0（31）	433.6（32）
ナシ	1	―	132（31）	137（32）

（　）内は調査回数

チャノキイロは年に何回も発生をくり返すことから、夏以降は卵~成虫のステージが混在している。秋から冬になると気温が低いため蛹はなかなか成虫にならないが、静岡県などでは一月末までにほとんどが成虫になる。そして気温が一〇℃以上になるとモゾモゾ動き始めるが、動きは鈍く、飛び立つのはまれだ。たいがいは蛹になった場所で成虫になり、そのまま春になるのを待っている。その他の秋に産卵をした成虫や、蛹になれなかった幼虫は、多くは冬の間に死んでしまうと考えられる。

ただ、幼虫が死ぬのは寒さより、食べ物がないために死んでしまうのである。冬でも暖かければ「休止」から覚め、活動を始める。そこに柔らかい芽などがあれば越冬も可能だ。したがって施設栽培などは要注意。増殖しながら冬を越すなんてことがないとも限らない。チャノキイロの越冬に好適な条件を与えないことが大事だ。

■落ち葉の陰や常緑樹の芽の中で

蛹や成虫の越冬場所はさまざま。46頁の「蛹で過ごす場所」のところでも述べたが、チャ園では八割近くの成虫が地表に落ちた葉の陰や地表面にいて、残りは枝や幹、あるいは葉などで越冬している。

暖地のブドウ園やカキ園では、落葉時はまだ越冬するような気温でないため、多くの個体が近くの常緑樹に移動して世代交替をくり返した後、常緑樹付近で越冬する（一部は移動前のブドウ園やカキ園でそのまま越冬する）。越冬場所となるサンゴジュやイヌマキの場合は地表に落ちる蛹はわずかで、ほとんどが芽の中で越冬している。

寒地のブドウ園やカキ園では落葉時にかなり気温が低下しているため、樹皮の間（ブドウ、カキ）や地表面（カキ）でそのまま越冬に入る。蛹はそのままで冬を越し、雪融け後に成虫となり、ブドウやカキの新芽が出るまでじっと待っている。あまり好物でないカンキツ園でも、ごくわずかながら越冬しているチャノキイロがいる。

2　気温で変わる増殖能力、育ち方

一〇℃で二倍違う発育スピード

昆虫は温度条件で生長のスピードが大きく変わる。チャノキイロも例外ではなく、相当に発育期間に差が生じる。

どれくらい違うかを見るために、一定の温度に保つ定温器を使って調べてみた（餌はいずれもサンゴジュ使用）。

図42がその結果である。ご覧のように、一四・五℃一定では産卵されてから成虫になるまでに五〇日近くかかっている。一四・五℃というと静岡では四月中旬、仙台では五月中旬の平均気温である。

しかしこれが静岡で七月中旬～九月上旬、仙台で七月下旬～八月上旬の気温にあたる二五℃条件下では成虫までの発育期間も一九日弱と、半分以下に縮まる。夏は増殖スピードがかなりテンポアップするのである（後述）。

このデータからはチャノキイロが発育を停止する温度も計算できる。

卵の時代は一〇・一℃、幼虫や蛹の時代は九・三℃、これ以下になるとチャノキイロは発育を停止する。おおむね一〇℃がその境であり、成虫の産卵活動もこの温度が目安になる。

またこのデータから、前に述べたメス成虫の寿命の長さが読みとれる。成虫の寿命を調査した温度条件下では、卵から成虫までの生育期間よりメスの寿命のほうが長い。52頁でチャノキイロが自分の子の成長を見届ける、といったのはこのことだ。おかげで、交尾

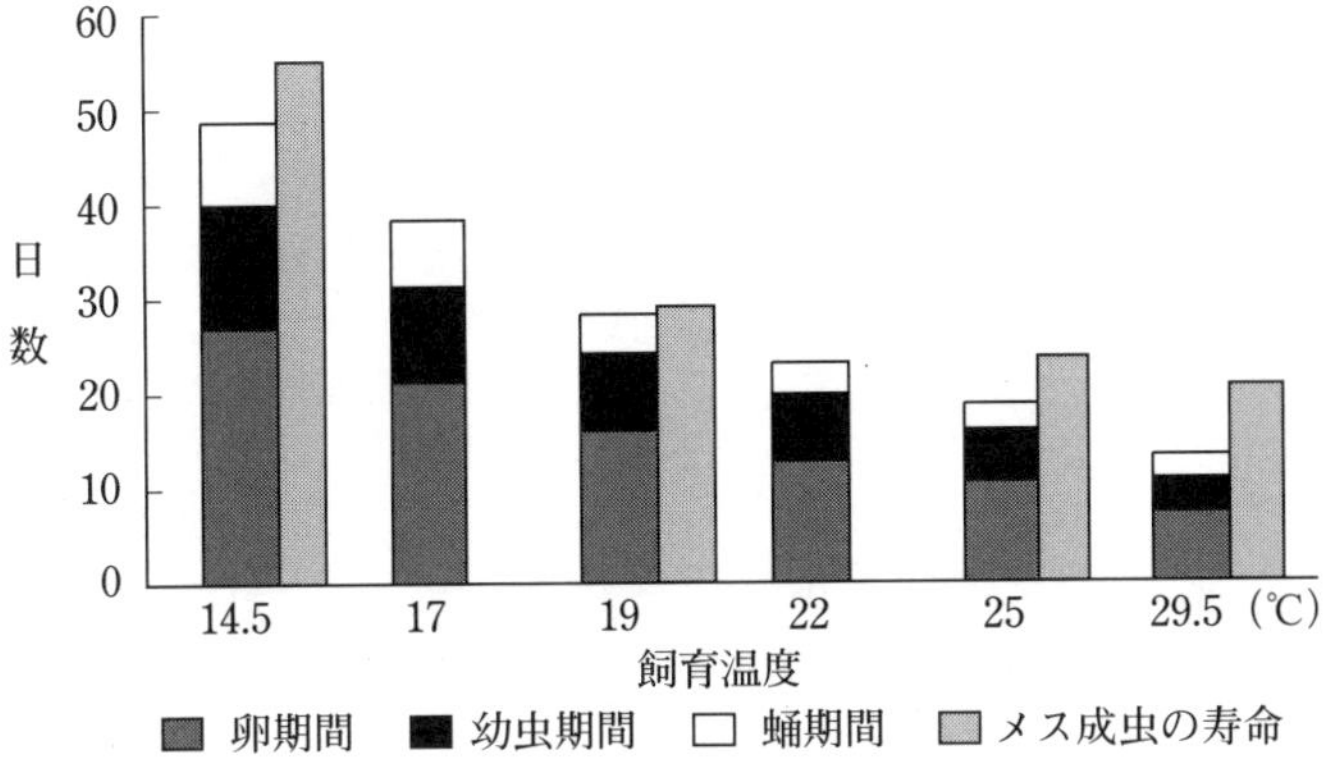

図42　温度別発育日数とメス成虫の寿命
（多々良，1994を改変）

機会のなかったメスが単為生殖してオスを産み、そのオスが成虫となった後、交尾して子を産むなんて芸当も可能になる。

もっとも、そのときのメスはほとんどの卵を産んでしまっていて、たくさんの卵は産めないだろうけど。

低温にも意外な強さを発揮

北海道にも分布しているチャノキイロがどの程度の低温まで耐えられるのか、実験を行なってみた。

マイナス一℃〜マイナス二℃に保った定温器に、二齢幼虫とメス成虫を入れて五時間後と一二時間後にどうなったかを見た。はたしてすべての虫が生きていた。それではと、マイナス五℃に温度を下げて五時間おいた。今度は幼虫の約一七%、メス成虫の約一三%が死んだ。

残念ながら、静岡県の冬を想定した私の実験はここまでだったが(注)、マイナス五℃ぐらいでそんなにバタバタ死ぬものなのか。だとするなら、どうして北海道でチャノキイロは繁殖できるのだろうか。

昆虫が〇℃以下でも体液が凍らない現象を「過冷却」という。越冬する昆虫は気温が低くなってくると体液の成分などを変化させ、凍りにくくしているのである。もっとも、どの虫もこの能力をもっているわけではない。南方原産の虫はもってないし、ミナミキイロアザミウマのように過冷却能力があり、マイナス一〇℃にさらしても死なないのに、環境と適合できず、日本の野外では越冬できない虫もある。右に紹介した私の実験も、それまで二五℃で飼育していた個体をいきなり寒い温度にさらしたため、チャノキイロにとっては寒さの準備ができず、過酷なものとなった。越冬に備えている個体を用いれば、もう少し生き残ったかもしれない。

チャノキイロが東北地方でもふつうに生息していること、北海道でも発見されていることなどを考えると、その「過冷却」点はかなり低く、十分低温にも耐えられると考えられる。

（注）このあと本書では、静岡県を基準にした記述がたびたび出てくる。私の研究フィールドが静岡県にあるためだが、皆さんの地域と対照するためにその環境条件を示しておけば、次のようになる。

平均気温＝一六・三℃
降雨量＝二三一九mm
日照時間＝二〇六〇時間

もちろん、静岡県といっても海岸部と内陸部は違うので一概にはいえないが、基本的には、その位置が示すように日本の平均的な環境条件にあると思っていただいてよい。

逆に三三℃以上の高温は苦手

チャノキイロが逆に弱かったのが、高温のほうだ。三三℃から影響が出始める。

高温下に卵と一齢幼虫、メス成虫をおいてみた実験で、三三℃下では卵はすべてかえったが、大半が一齢幼虫のときに死んでしまい、二齢幼虫までにすべてが死亡した。

しかし、一齢幼虫で三三℃にさらされた個体はすべて成虫に育った。原因は不明だが、卵時代のほうが受けるダメージが大きいということだろう。

弱々しい幼虫にしてしまうようだ。ただそれも三三℃までで、それ以上の、たとえば三四・五℃まで温度をあげると、一齢幼虫で定温器に入れてもすべてが死亡した。また、この温度でも卵はほとんどふ化したが、出てきた幼虫はすべて死んでしまった。

さらに三六℃ではもはや卵もふ化せず、生きた成虫（メス）も死んでしまった。三七℃以上は死ぬまでの時間が短くなるだけだった。

以上から、三三℃以上の高温がチャノキイロの発育には影響が出るとみたわけである。

しかし三三℃という気温はそんなに多くない。たとえば二〇〇三年の静岡市で最高気温が三三℃を超えたのは、八月で四日、九月で一日の計五日に過ぎない。この年は冷夏だったこともあるが、昨今の異常気象下でもこの程度だ。

ただ、太陽が直接照りつけるところはもっと熱くなる。リンゴの葉の表面温度などは気温より三〜四℃高いといわれている。おそらくチャでも、カンキツでも、事情は変わらないだろう。つまり炎天下では、二九〜三〇℃の気温でも植物の表面温度は三三℃以上になる。最高気温三〇℃以上の日をかぞえ直してみるのが適当かもしれない。

そうすると、二〇〇三年は三四日、二九℃を超えた日は五二日もある。直射日光下のチャやカンキツの葉の表面が三三℃以上になる時間は意外と長い。彼らが葉の裏側や、果実であればガクの下を好むわけがこのへんにある。明らかに直射日光による高温を避けているのだ。

暖地で七〜九世代、寒地では五世代

以上のような生育条件のもとでチャノキイロは静岡では三月上旬から成虫

が活動し始め、下旬になると、越冬場所から盛んに分散していく。

その後、越冬世代のメス成虫が卵を産み終えて一段落するのは四月中旬。

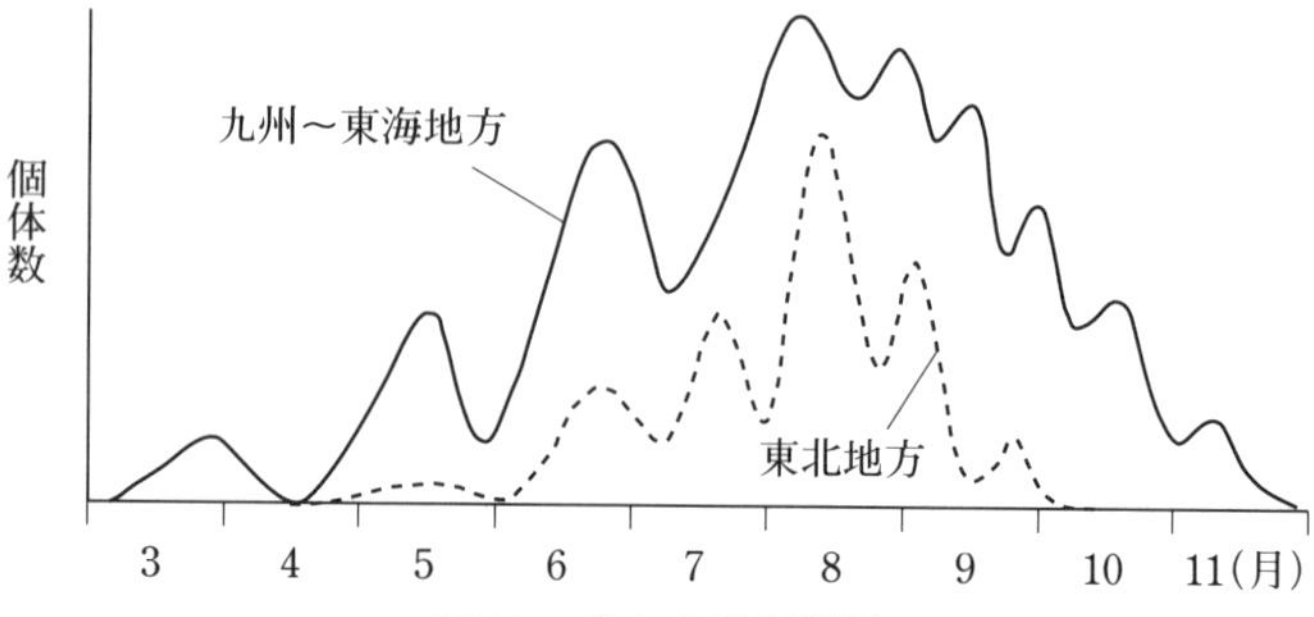

図43　成虫の発生消長

卵がかえって最初の世代が発生のピークを迎えるのが、五月中旬である。その後、世代を重ねながら個体数を増やしていき、七月下旬から八月上旬にかけて最大の発生ピークを迎えたあと、徐々に密度は下がってくる。こうした消長パターンで、九州から東海地方にかけては年間七～九回発生をくり返すのである（図43）。

一方、北関東から東北地方にかけては、四月中～下旬から越冬成虫の分散が始まり、やはり世代を重ねながら個体数を増やして、八月上旬から中旬にかけて最大になる。しかし気温が低いため、年間の発生は五世代程度と考えられている。

もちろん、世代数は連続的に増減するので、ある場所から急にカクンと七回から五回に減るわけではない。

発生ピークは隣の園？

成虫は移動分散するので、地上に置いたトラップで捕らえるチャノキイロの数が必ずしもそれを置いたほ場の密度でなく、周囲の植物での密度を反映していることがある。とくに、カンキツなどチャノキイロがあまり好きでない植物のほ場に置いたトラップの捕獲数は、多くの場合、周囲から侵入する個体数を反映している。

また、設置ほ場の密度を反映していたとしても、実際の植物上の密度とトラップの数とが異なる場合がある。たとえば、チャの摘採や整枝（摘採面を揃える作業）は食事や産卵の場所を奪うので成虫の分散を促し、トラップに一時的にたくさんの個体が捕らえられることになる。

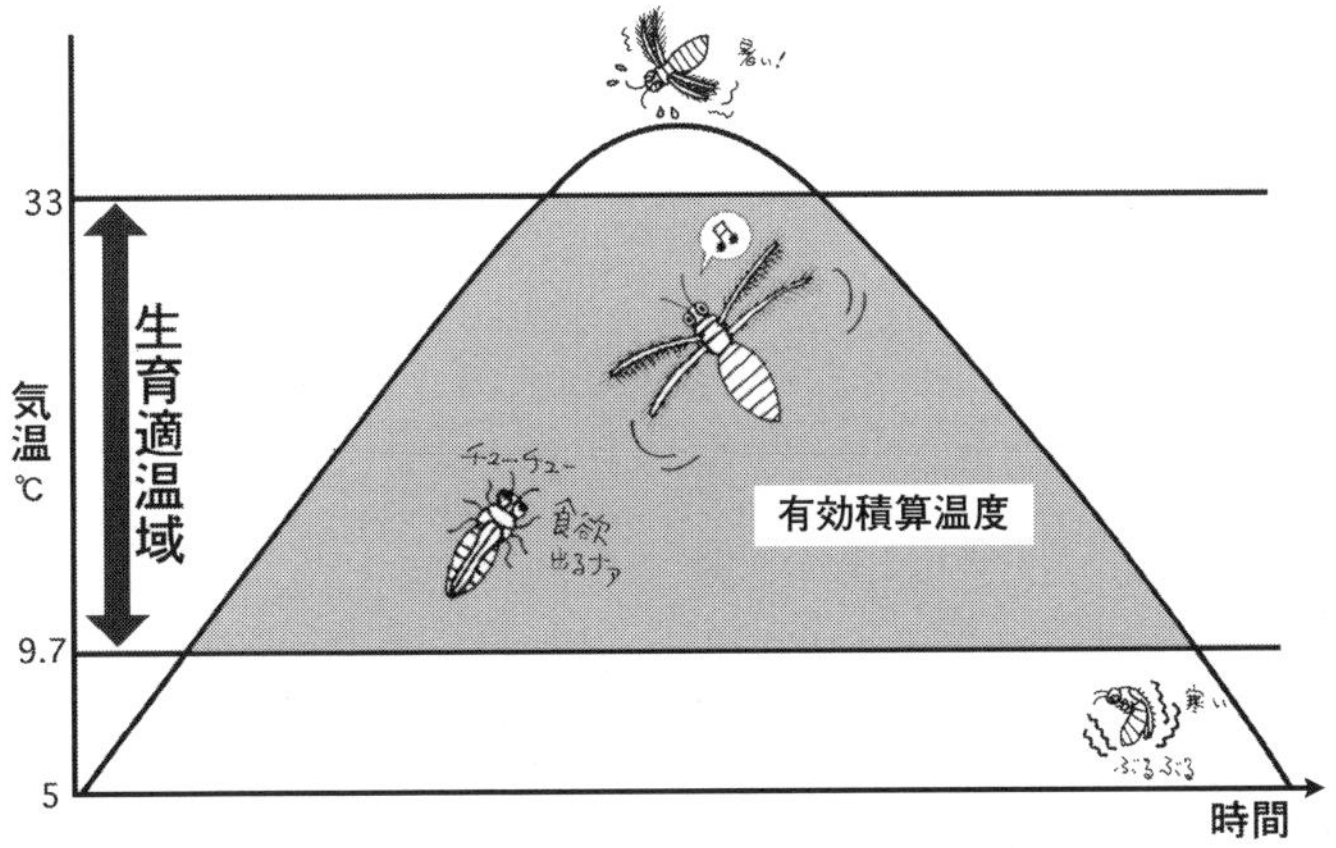

図44　チャノキイロが生育できる気温帯の１日の有効積算温度

発生パターンを読む

温度が変わると発育スピードも変化する。このことを利用して、チャノキイロの発生時期を予測することが可能だ。

■有効積算温度を使う

チャノキイロが発育する温度の下限は九・七℃、上限は三三℃だった。この範囲が、チャノキイロが発育できる気温帯である。この気温帯が一日のうちでどれぐらいあるか。ちょっと極端な温度変化かもしれないが、一日の最低気温が五℃、最高が三五℃の日があったとする。気温は必ず連続的だから、五℃から九・七℃を過ぎ、三三℃に至り、さらにそれを通り過ぎて三五℃に達する。反転して今度は、三三℃、九・七℃の順に過ぎて、やがて五℃に至る。この変化をたどると図44の曲線のようになり、九・七℃と三三℃のラインとの間に網模様で示したようなチャノキイロの発育可能な温度域が描かれる。これを「有効温度」といい、その数値を一日ごとに足していった値が「有効積算温度」だ。単位は「日度」。このデータを使うのである。

たとえば、図45は「有効積算温度」を横軸にして、それに対応するトラップによる捕獲虫数の変化をみたグラフである。同地点の五年間のデータを重ねてみた。ご覧のように、最初から三つ目の山までほぼ一致した変化が見て取れる。つまりそれぞれの山（発生ピーク）がほぼ同じ有効積算量のときに現われていることがわかる。その後は成虫～幼虫世代が重なったためか、年次別の重なりは明確でないが、有効積

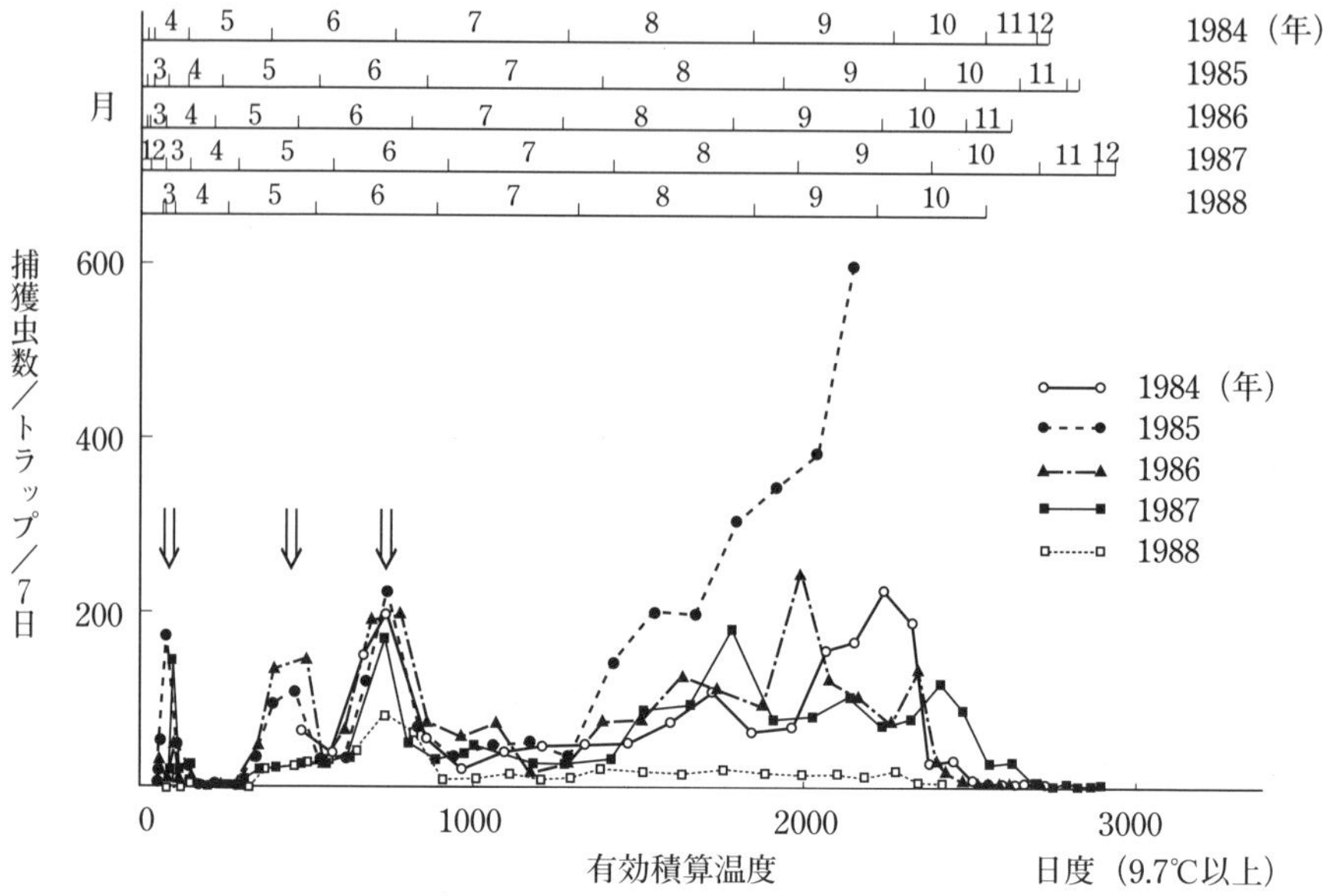

図45　有効積算温度軸上のトラップ捕獲虫数（同地点複数年）（多々良，1995）
注）吸引粘着トラップで捕獲
⇓発生ピーク，上段の月の幅は有効積算温度の大小を表わす

算温度との関わりが示唆された。

同じことは、同一年で場所を変えて調査したデータからも窺うことができる。図46がそれで、同年に静岡県内の三ヶ日町（西部）、静岡市（中部）、稲取町（伊豆）とかなり離れた三地点でトラップ調査を行ない、各地の気温データをもとに有効積算温度を横軸にとったグラフにしてみた。

ここでは、第一世代と第二世代の成虫発生ピークが同じ有効積算温度のもとで現われている。チャノキイロの発生をその有効積算温度をもとに把捉できる、というのはこのことである。いいかえると、防除暦的な防除は必ずしも適期防除にならない。実際、それぞれのグラフの上に示した月別有効積算温度は年によってかなりバラついているのである。

同じ八月でも、冷夏の年は猛暑の年に比べ有効積算温度が少ない。そうなれば、それだけ発生のピークもズレ込むことになり、暦通りにはいかない。当然といえば当然なのである。

■最初三六〇日度目、その後三一〇日度ごとに発生ピーク

私の調査で第三世代以降の発生ピークが不明確になったのは、トラップを交換する間隔が七日と、少し間が開き過ぎたからかもしれない。

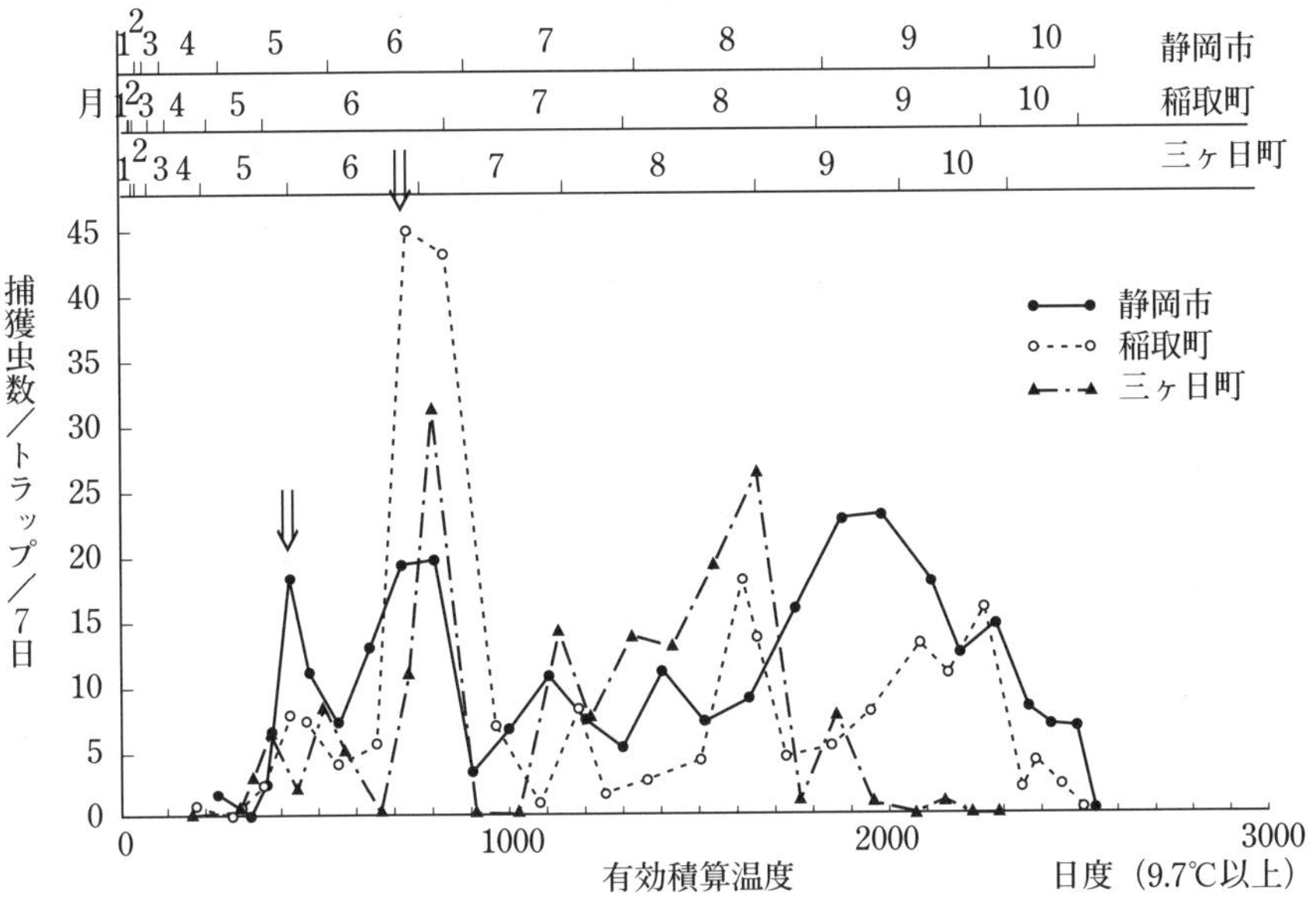

図46　有効積算温度軸上のトラップの捕獲虫数（別地点同年）（多々良，1995）

注）黄色粘着トラップで捕獲

⇓発生ピーク，上段の月の幅は有効積算温度の大小を表わす

静岡県柑橘試験場の増井伸一さんは週に二〜三回、まめにトラップを調査して、有効積算温度との関係を探り、第三世代以降も規則的に成虫発生のピークが訪れることを発見している。その結果は、一月一日を基点とした有効積算温度が「三六〇日度」前後に第一世代のピークが現われ、以降、「三一〇日度」間隔で成虫の発生ピークが訪れるというものだった。これを利用すれば、チャノキイロの発生時期をある程度予測することができる。

有効積算温度の計算は、公開されているフリーソフトが活用できる。

北海道の畑作農家の井脇健治さんが作ったプログラム（http://island.qqq.or.jp/hp/iwaki/）は害虫の一世代に要する有効積算温度を入力すれば、発生ピークに注意報が表示されるようになっている。九州沖縄農業研究センターの松村正哉さんが作ったプログラム（http://konarc.naro.affrc.go.jp/kiban/g_kanri/）では、発育上限温度の設定も可能である。いずれも、元農水省果樹試験場の坂神泰輔さんと是永龍二さんが共同で開発した三角法というソフトで、ウェブ上で公開されている。詳しくは巻末付録にソフトのダウンロードからデータ入力の実際を紹介しているので、参照してほしい。

なお、日本植物防疫協会が運営するサイト（http://www. jppn.ne.jp/）でも有効積算温度から各世代ごとのチャノキイロの発生予察ができる。ほかにもミカンハダニのシュミレーションやさまざまな予察情報、農薬のデータが入手できる（ただし、年間一万五〇〇円の利用料が必要）。入会すると予測プログラムなどが入ったアプリケーションCD-ROMが送られてくる。マニュアルに従い、インターネットに接続しながらチャノキイロ発生予察のプログラムを実行すると、アメダスデータを自動的に取得して計算してくれる。難点はアメダス観測点から離れるほど予測が不正確になることだ。

3 飛んだり潜ったり、こそこそ逃げたり
——チャノキイロの性格、得意技

成虫が飛ぶ高さは

粘着トラップに捕らえたのでもいいし、生きたのをチャの葉をアルコールや洗剤で洗ってティッシュペーパーで濾《こ》して捕まえてもいい。顕微鏡でチャノキイロの翅を見てみると、こんなので飛べるのかと思ってしまう。チャノキイロはそれほど小さく、貧弱な翅をしている。

私がチャノキイロの研究を始めた頃見た本にも、「ピョンピョン跳ねて風に乗る」と書いてあった。飛ぶ、とは書いてなかった。実際に、風に乗る様子も見ていたので、てっきりそうなのだと思っていた。

しかしあるとき、チャノキイロが翅のあるアブラムシよろしく、プーンとゆっくりと飛び立つのを見て驚いたことがある。どうやら遠くへ移動するときには適度な風を待って飛び立つみたいだ。

■三・五mのトラップでもゲット

では、彼らはどれくらいの高さまで飛べるのだろう。ひと夏、私はカンキツ園に最高三・五mまで粘着トラップを仕掛けたことがあるが、このトラップにほぼ毎週、確実にチャノキイロを捕らえることができた。体長一mmの虫にとって高さ三・五mは、一七〇cmの人間でいえば約六〇〇〇mの高さにあたる。風に乗って舞い上がるとはいえ、なかなか大した飛翔力である。

チャノキイロではないが、ミカンキイロアザミウマの近縁のあるアザミウマなど、飛行機で吹き流した地上三一〇〇mのトラップに捕らえられた例もある。それより低い一〇〇〇m以上の記録などはざらで、珍しくない。人の頭上はるか上空を飛翔しながら、チャノキイロも呟いているかもしれない。「人間社会は小さいね」。

図47　風を選んで飛び立つチャノキイロ

■風をうまくとらえて飛び立つ

先の粘着トラップの調査では、夏の朝五時から夜七時まで一時間ごとの捕獲数も調べた。三日行なった結果、次のことがわかった。

チャノキイロの飛翔活動は、日の出からしばらくして気温が上がり始めた七時頃から始まる。条件がよければ、日没まで飛翔活動は見られる。晴天のときによく飛び上がり、曇ると急に飛ばなくなる。

一番影響しているのは風だった。天気がよくても風が強いと飛び立たない。風速二m／秒以上になると、トラップの捕獲数が極端に減少した。

ただ、風の強い地域では風速三m／秒でもたくさん捕獲されており、いちがいにはいえない。つまり、相対的に風が弱まると飛び立つ決心をするようだ。強い風で飛び立たないのは、移動を風まかせにせず、セルフコントロールが利く飛翔をしているからだろう。小さいながら恐るべしである。

好きな色、好きな光

アザミウマのような微少な害虫の発生を予察するために、虫がよく集まる色を利用してトラップを仕掛ける。

チャノキイロが好きな色を調べた研究はいくつかあるが、総合すると黄、赤、青、白の順でよく捕まえられるというわけで、黄色が一番好きな色のようだ。アメリカのカンキツアザミウマの予察にも、イエローカードと呼ばれる黄色の粘着板が利用されている。

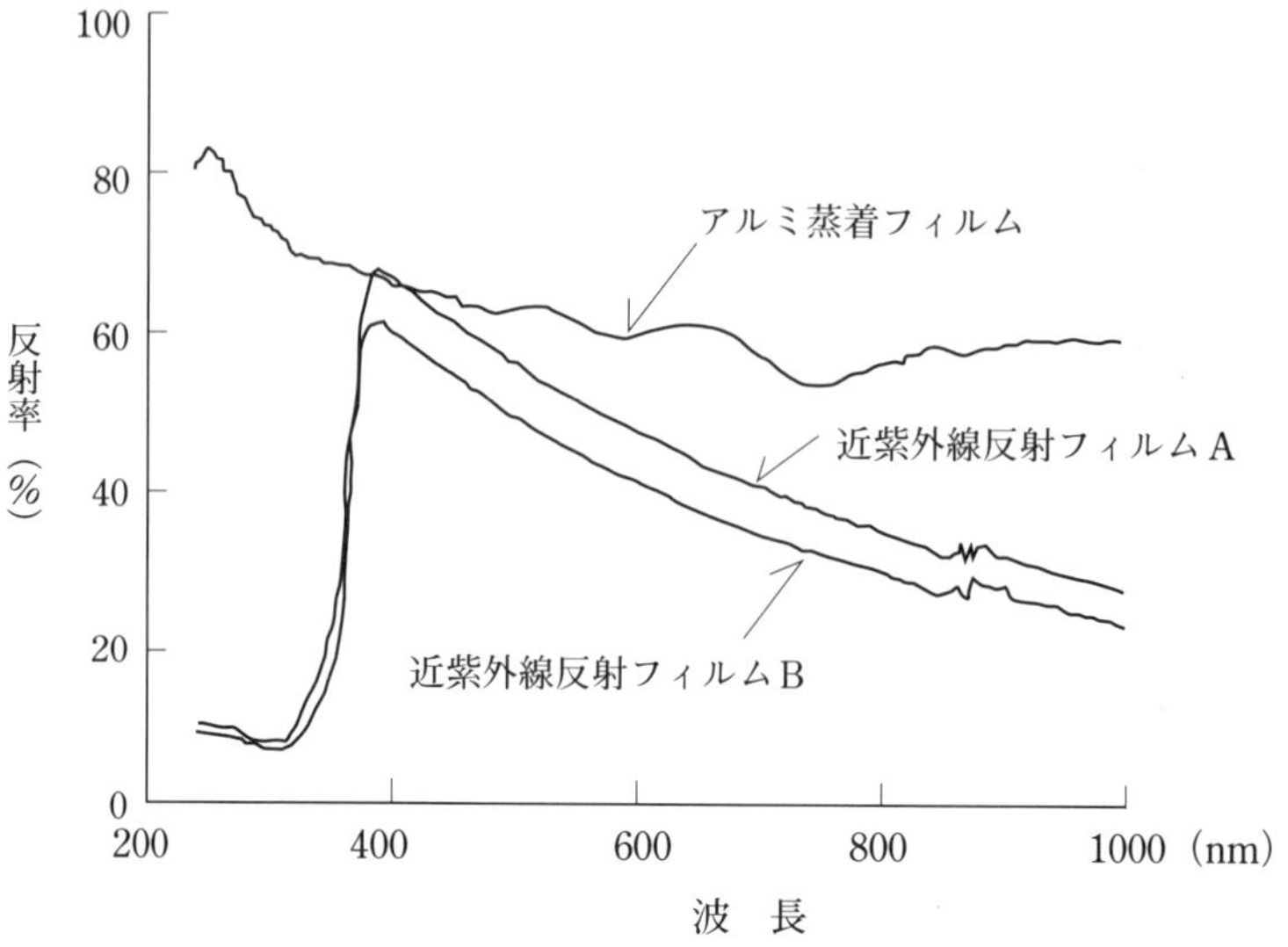

図48　光反射フィルムの反射スペクトル　（多々良，1992）

また黄色のトラップにはミカンキイロアザミウマもよく捕まる。

チャノキイロがあまり誘引されない青には、ミナミキイロアザミウマやヒラズハナアザミウマ、それにチャノキイロ同様黄色にひかれるミカンキイロアザミウマもよく集まる。同じアザミウマでも集まる色の特性はそれぞれだ。

また、チャノキイロは紫外線によく反応する。これを利用してチャノキイロの行動を狂わせ、作物被害を防ぐことができる。光反射率の高いシートを作物の近くに敷いておくのである。こうすると、太陽の光を背に受けて飛ぼうとするチャノキイロは、下から反射光で感覚が狂ってしまい、うまく飛べなくなる。おかげで被害も防げるというわけである。

効果の高いシートの光反射率を調べると、四〇〇ナノメーター（nm）以下がピークになっていた（図48）。この波長域は人間に見える短い光の限界に近い。この部分の光をよく反射するシートを敷くと、われわれにはネズミ色にしか見えないものも、チャノキイロにはアルミ蒸着フィルムと同じようにキラキラして、目くらましにあったようになる。

狭いところでひたすら食べ続ける

チャノキイロは極小の虫だが、こうした小さな虫にとって大きな課題は、エネルギーロスをいかに抑えるか、だ。

たとえば、ここに一辺が一cmの虫Aと一mmの虫Bがいる。体の大きさを比較すると、Bの体積はAの一〇〇〇分の一なのに対し、体表面積は一〇〇分の一である。ということは、それだけBはAに比べて体積に対する体表面積の割合は大きくなる（図49）。

体が小さくなると、体表面積から熱などエネルギーが逃げやすくなる。そこで、昆虫は、体の表面を人間の骨にあたる外骨格で覆ってエネルギーを逃がさないようにしてきた。しかし、チャノキイロはカブトムシやスズメバチなどに比べるとその外骨格はいかにも弱々しい。そのうえ体表が薄く、エネルギーを消失しやすい構造になっている。こうしたひ弱（？）な体でエネルギーの消失を防ぐにはどうするか。

一つはつねにエネルギーを蓄える。つまり、ひたすら食べること。もう一つは、逆にエネルギーの消費を減らすことである。

第1章25頁で見たように、チャノキイロは口針が短い。餌にできるのは植物の表面の細胞だけである。そのため一定の運動量が求められる。といって、無駄な動きは極力避けたい。そこでとった戦略が、食物上の狭い隙間に潜り込み、直射日光を避けてエネルギーの消失を防ぐことだった。ここなら外敵から身を守るにもちょうどいい。カキのガクの下などは恰好の隠れ場であり、同時に絶好の餌場にもなるというわけである。

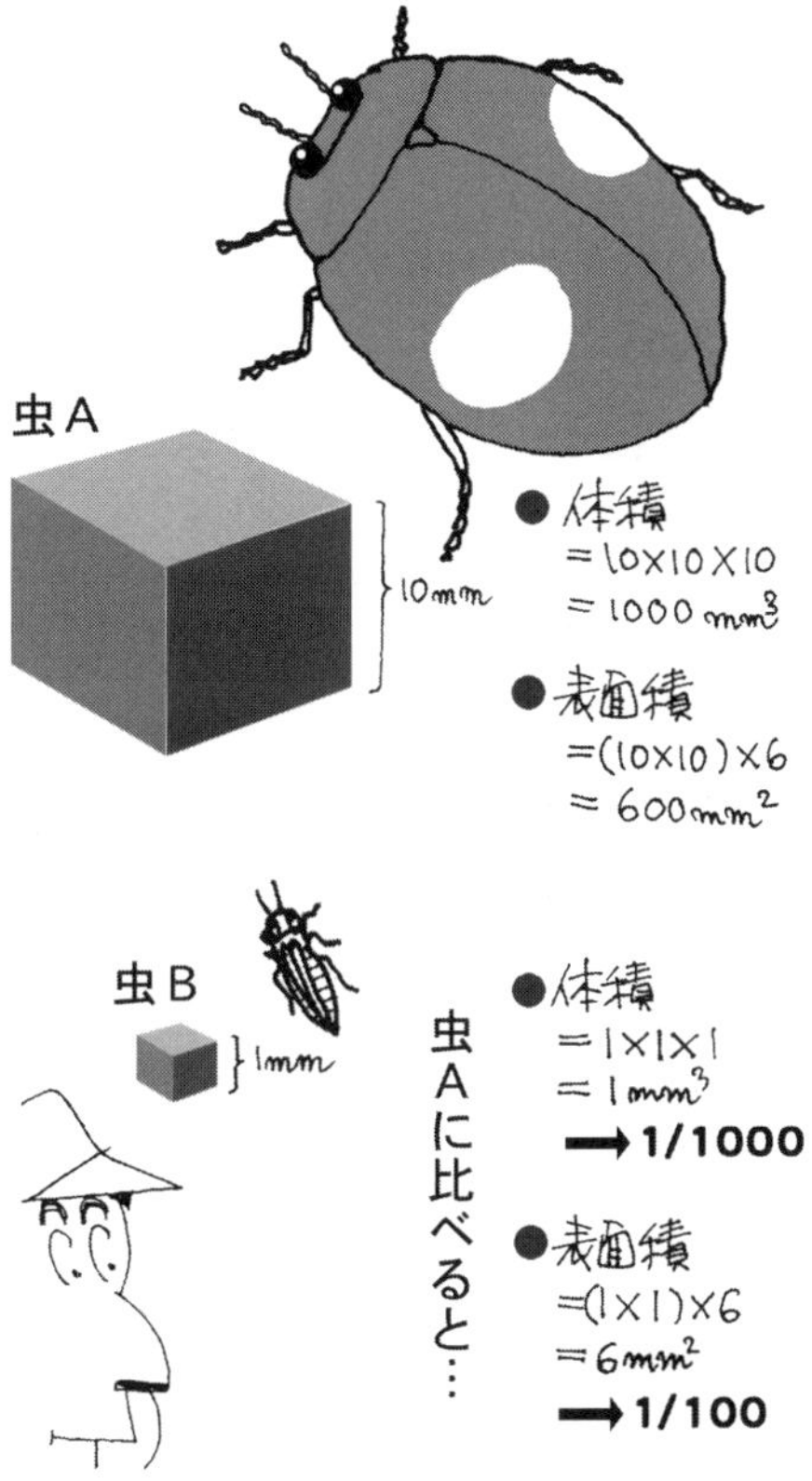

図49　体が小さくなると表面積の割合は大きくなる

■いつもいる場所はここ

カンキツでは、しばらくはガク片の下がとてもいい隠れ場所になる。そこでは表面細胞が分裂をくり返し、次々と新しい餌にありつける。食害した古い細胞は果実の生長に伴ってどんどんガクの外へ出ていき、新しい餌と自然に入れ替わっている。外敵からも守られ、人間のかける農薬も届きにくい。天国のような場所なのだ。

しかし、いつまでもそうはいかない。果実肥大が一段落する七月上～中旬になると新しい細胞が生まれてこないので、別の場所へ移動しなければならないからだ。このとき外敵や農家の防除に狙われやすくなる。

前述のように、カキは果実の生長が八月中旬まで続くので、カンキツより長くガクの下にいられる。

一方、チャやアジサイなどの葉を加害する植物では、直射日光の当たらない葉裏にいることが多い。やはり、ここでも葉脈と葉でできた細長い溝に入り込んでいる個体が多い。

チャノキイロを見つけるには、その植物の狭い空間を探せばよい。

ほかの虫がそばにいるのが苦手

静岡県柑橘試験場にいたとき、無防除にした温州ミカン園で害虫と天敵がどのような動態を示すかという研究を行なったことがある。面白いことにこの無防除のほ場では、チャノキイロの密度や被害が意外に少なかった。

その理由として最初ににらんだのは天敵の影響である。ハダニなどをよく食べる多食性の天敵ニセラーゴカブリダニの密度が高く、チャノキイロを捕食することも確認されたので、これがある程度チャノキイロを抑えているのではと考えた。

しかし、カブリダニが多い年はチャノキイロの数も多く、決定的な抑制要因になっているとは思えなかった。そのほかの天敵も、アザミウマをよく食べることで知られるハナカメムシの一種やアザミウマヒメコバチの一種などがいるが、その数はきわめて少なかったのだ。では、なぜ無防除のほ場でチャノキイロの発生が少なくなったのだろう。

よく知られているように、無防除にすると、天敵になる虫もそうだが害虫でも何でもない、ただの虫が増えてくる。チャタテムシのような虫の死骸を食べるスカベンジャーも現われる。もしかしたら、農薬に弱いこうした虫たちが無防除になるとワッと現われるのを嫌って、それでチャノキイロは思うように発生できないのかもしれないと考えた。そこで次のような実験をしてみた。

■ハダニと一緒だと落ち着かない

まず、チャノキイロの幼虫とミカン

ハダニを同じ葉上に放し、ビデオで撮影してチャノキイロの単位時間当たりの歩行距離を測定した。結果は、ハダニと混在したほうが歩行距離が長い。どうもやはり居心地が悪そうである。

次に、ミカンハダニを温州ミカンの葉に放し、二四時間食害させたあとでハダニを除去し、チャノキイロの幼虫を放してみた。この結果も、ハダニに食べさせなかった葉に放した場合よりも、明らかに歩行距離が長くなった。ハダニはいないのに、その食べ痕や排泄物などがチャノキイロを慌てさせたみたいなのだ。やはりチャノキイロは他の虫と一緒にいるのが苦手なようだ（表6）。

表6　ミカンハダニと混在させたときのチャノキイロの歩行量

（多々良，1995）

	チャノキイロの数	ミカンハダニの数	歩行量（*1）
ミカンハダニと混在	2	0	12.0
	2	2 ～ 4	16.6
	2	8 ～ 10	14.3
	5	0	14.9
	5	5 ～ 10	15.9
	5	15 ～ 20	28.3
ミカンハダニ摂食後の葉（*2）	2	0	0.2
	2	1	3.0
	2	4	8.1
	2	6	13.0

＊1）1分間当たりの歩行量(cm)
＊2）所定のハダニを24時間接種し，ハダニを取り除いた葉にチャノキイロを接種

前にも述べたが、チャノキイロが害虫としてクローズアップされるようになったのは一九六〇年代前後になっ

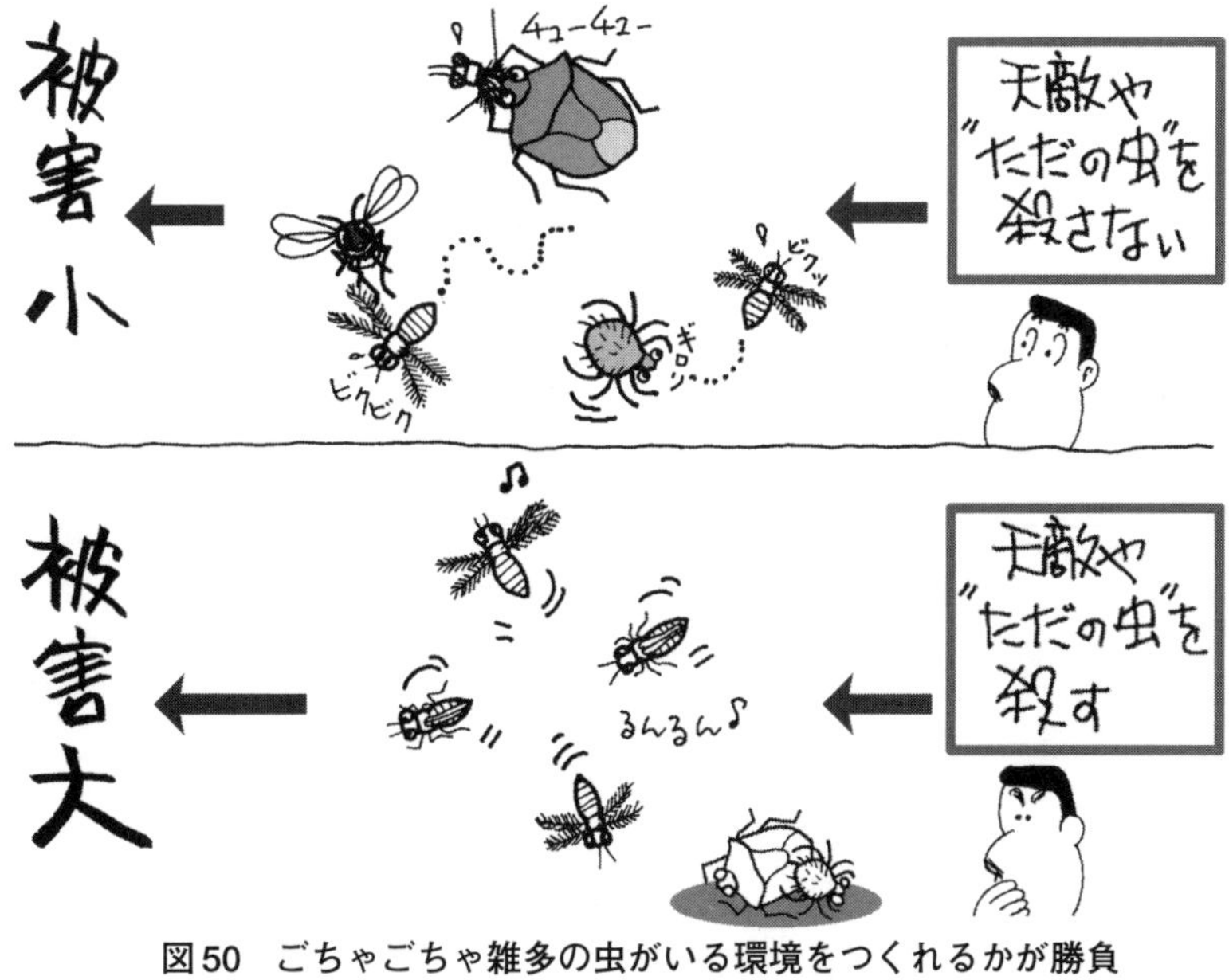

図50　ごちゃごちゃ雑多の虫がいる環境をつくれるかが勝負

てからだ。それまでもいたことはいたが、あまり問題にならなかった。農薬の使用とその強力化がチャノキイロの害虫化に一役買ったことは第1章で見たが、これほどの虫がなぜいままで増えなかったのか。不思議といえば不思議だった。

その理由の一つが、おそらくこの他の虫と一緒にいるのが苦手というチャノキイロの生態特性によるものだと考えられる。

どの虫に対してもそうなのか、あるいは特定のハダニやアブラムシのように葉を吸汁する虫をとくに嫌うからなのかはまだ明らかではないが、口針が短いチャノキイロとしては盛大な吸汁針をもった虫が来るとつい焦ってしまい、落ち着いてエサ漁りができないようだ。

このことは、チャノキイロの防除を考えるときの一つの大きなポイントになる（図50）。

4 難敵のここをいじめる
――チャノキイロの弱点

増殖源をほ場の周囲から減らす

チャノキイロ防除の基本は、増殖源を断つことだ。23頁表3を参考に、できるだけその寄主作物をほ場周辺からなくす。

もちろん、全部を排除することは無理だ。それでも観賞用に植えてある植物や自然に生えている木本類などは除去する。防風林も、チャノキイロが好むような樹種から別なのものに替える。

雑草にはチャノキイロが増殖する植物は少ないが、ナズナやカラスノエンドウがたくさん生えてきたら除草する。

こうした作業は、とくに園外からの侵入が頻繁なカンキツ園では重要になる。園外で増殖した第一世代成虫が飛来するカキ、ブドウのほ場でも、新芽が出てくるまでの期間は周囲の増殖源に注意を払い、できるだけなくすよう努める。また、越冬に入る前に周囲の増殖源を除去しておけば、越冬量じたいを減らすことができる。

チャ園などそこで繁殖し、世代をくり返すことができる場合も、摘採の際、チャノキイロが一時避難できる寄主作物が周辺にあるのとないのとでは、やはり防除環境は大きく異なる。増殖源の整理はいずれにしても必要な作業といえる。

実際には、どうしても除去できない木本などは、飛び込みや待避ができないように、飛来時期にチャノキイロの好む新葉を刈り込むだけでも違う。これだけでもかなり増殖を抑えることができる。

ここでいう周辺とは、ほ場のごく周囲で十分。ほ場に接した寄生植物が危ないのだ。とくに風上は要注意。いの一番に手を付ける。

雨水が苦手だが……

チャノキイロは年による発生変動が少ない。害虫のなかでは珍しい虫だ。それでも多い年と少ない年がある。理由はたいがい天候である。空梅雨の年だと密度が高く、逆に気温が低く、雨の多い年は密度が低いことが多い。

チャノキイロを飼ってみるとわかるが、非常に弱い。とくに水滴には弱く、小さな水滴に体をとられて死んでしまうことがよくある。ふだん雨が直接かからないところにいるのだろう。しかし、降雨が長びき、やむなく食べ物を求めて移動しなければならないときに、水滴に体をとられる。雨の多い年に密度が低いのは、そうやって死ぬ個体が多いからだ。

しかし、けっして高湿度が苦手なのではない。湿度一〇〇%の容器の中でも元気に生長する。このへんがチャノキイロのタフなところで、降雨中でもじっと体を潜めてしまえば、なかなか死なない。いじめにくい虫なのだ。

虫の雑踏の中へ連れ出す

こうなればやはり究極の嫌がらせは、前節で紹介したほかの虫との競合状態にチャノキイロを連れ込むこと。これにかけてみるほかない。少なくとも、ぜひ使ってみたいアイデアである。

とすれば、これまでのように一頭も害虫がつかないような防除でなく、他の害虫の発生も多少我慢しつつ、被害の程度を見極めながらチャノキイロの多発を防ぐ防除が決め手になる。

どうやったら多くの虫を雑居させて、チャノキイロの定着を抑えられるか、その具体的な方法を次章で考えてみる。

第3章

これからチャノキイロ防除戦略

——農薬にあまり頼らない

1 「天敵」の幅を広げる

少ないチャノキイロの天敵

チャノキイロの天敵は少ない。表7は今まで記録された天敵の一覧だ。残念ながら、局地的に密度を下げた例はあるが、これがいればチャノキイロも真っ青というスゴイ奴は、今のところ見つかっていない。現在、確認されているのは次のようなものたちだ。

■超有力天敵になれるか ——アザミウマタマゴバチ

寄生蜂ではヒメコバチの仲間とタマゴバチの仲間が知られている。ヒメコバチは幼虫の体の中に卵を産み、アザミウマが幼虫や蛹のときにその体に穴を開けて成虫が羽化してくる。

アザミウマのなかでも小型のチャノキイロのそれも卵に寄生しようというアザミウマタマゴバチは、昆虫のなかでもとくに小さい。最小の部類に入るおチビさんだ。成虫の体長は約〇・二mm。粘着トラップに捕らえた成虫はそのつもりで見てもなかなか見つけることができない。彼らは、植物組織内に産み付けられたアザミウマの卵を巧みに探し出して産卵する。そしてアザミウマがふ化する前に蜂の成虫が卵の中を食べ尽くし、羽化してくるのである。

成虫の体が小さく、十分に調査されていないが、場所によっては卵の約半分がこの蜂に寄生されているともいわれる。もしかしたら超有力な天敵かもしれない。

表7　チャノキイロの天敵

菌類（昆虫寄生菌）	
	ボーベリア菌の一種 (*Beauveria* sp.)
	ネオジギテス菌の一種 (*Neozygites* sp.)
	ヒルステラ菌の一種 (*Hirsutella* sp.)
寄生蜂	
	タマゴバチの一種 (*Megaphragma* sp.)
	ヒメコバチの一種 (*Goetheana* sp.)
捕食者	
	ヒメハナカメムシの一種 (*Orius* sp.)
	ニセラーゴカブリダニ (*Amblyseius eharai*)

■たくさんいれば有効だが ——ハナカメムシ、ニセラーゴカブリダニ

アザミウマを食べる捕食者として有

名なのはハナカメムシ類だ（図51）。成虫の体長約二mmの小さなカメムシ。アザミウマの有力な天敵として知られていて、ミナミキイロアザミウマやミカンキイロアザミウマでは生物防除が可能となっている。しかし、私はカンキツ園やチャ園であまりこれを見かけたことがない。たくさんいれば有力な天敵になっていると考えられるが、少ないのである。

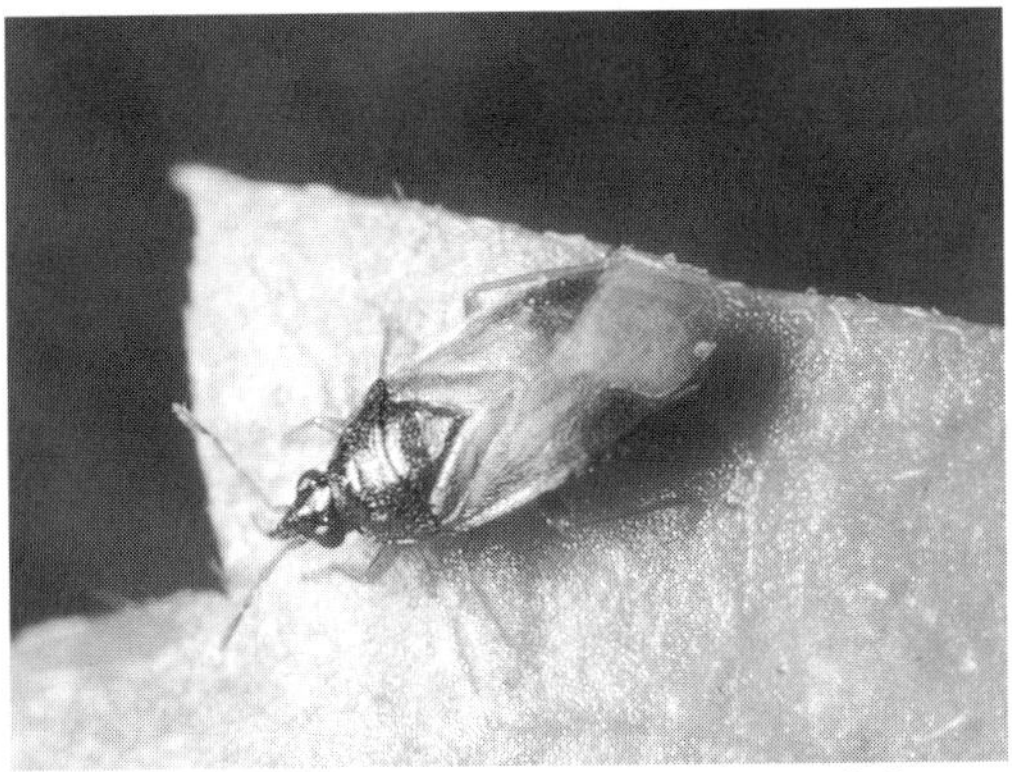

図51　タイリクヒメハナカメムシの成虫

　ほかにアザミウマを食べるダニもいる。カンキツ園ではニセラーゴカブリダニ（図52）という透明に近い一mm前後のダニがいて、チャノキイロも食べている。さては有力な天敵かと期待したが、いろんなものを食べるグルメさんで、ハダニやアザミウマなどの動物だけでなく、花の花粉も食べる。必ずしもチャノキイロだけを捕食していない。しかも、チャノキイロが多いチャ園では、どういうわけだかあまり見かけない。ただ、その旺盛な食欲に期待して、キク科やイネ科の花粉をたくさん出す植物を植えて本種を養い、その余勢を駆ってハダニやアザミウマ類を捕食させるバンカープランツの研究が行なわれている。まだ結論は出ていないが、私はイネ科の植物がいいと思っている。

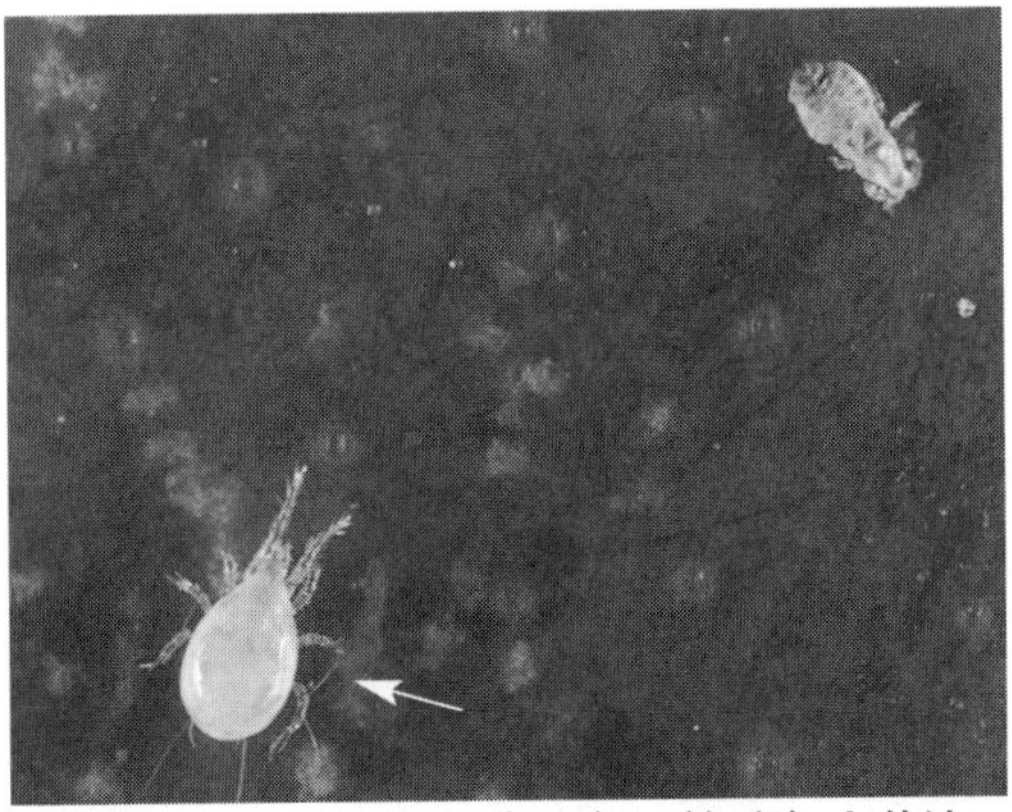

図52　ニセラーゴカブリダニ（矢印）と体液を吸われたチャノキイロの幼虫

　なお、チャ園には似たようなケナガカブリダニという種類もいるが、こちらはチャノキイロはほとんど食べず、もっぱらカンザワハダニだけを食べている。

　そのほか、チャノキイロでは記録がないが、アザミウマ類はクモに捕食されることが知られている。チャ園で防

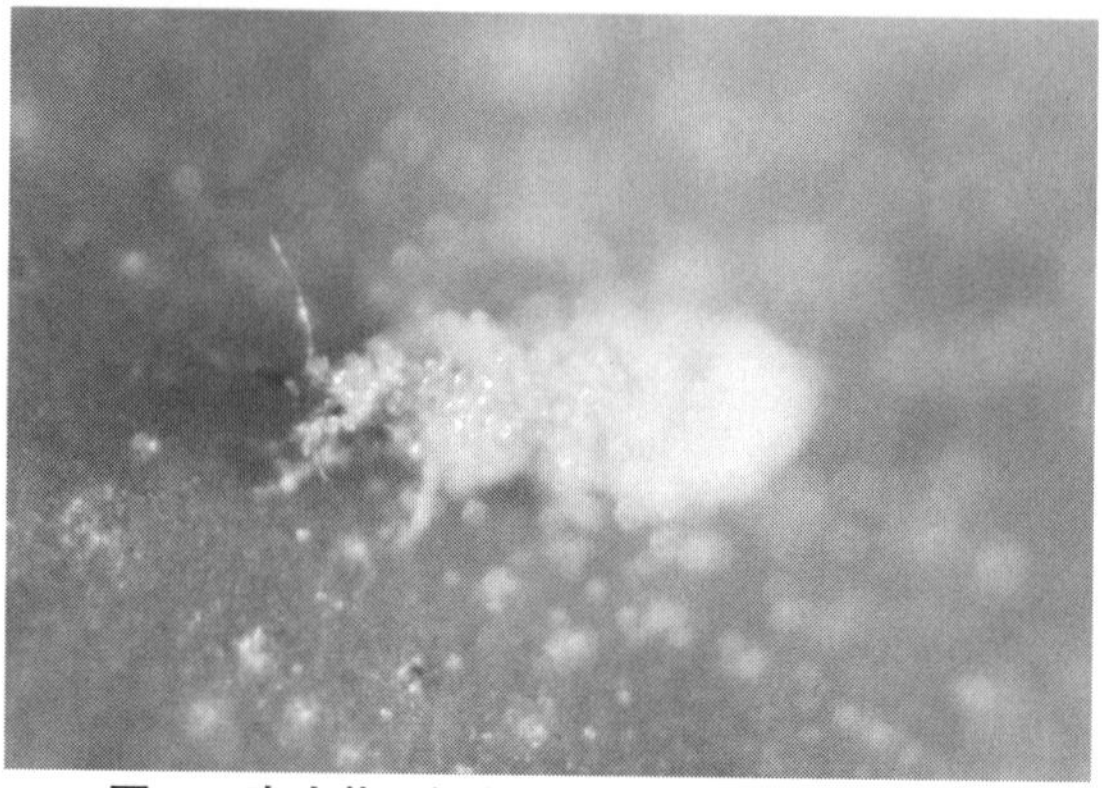

図53　寄生菌に侵されたチャノキイロの幼虫

除をしていてもクモ類が多く見られ、チャノミドリヒメヨコバイをよく捕食しているが、チャノキイロを捕食した報告はない。しかし、同じような大きさをしたアザミウマがクモに捕食されていることから、チャノキイロもクモ類によって密度を抑制されている可能性が大きい。今後の研究課題だ。

■寄生菌で死ぬ個体もいる

人間が水虫に悩まされるように、アザミウマにも生命に関わるカビが発生する。それらを寄生菌と呼んでいる。図53は寄生菌に侵されたチャノキイロの幼虫だ。こんなふうに菌にやられると死んで地表に落ちてしまうせいか、あまり見かけない。が、湿度の高い時期などは寄生菌に侵される個体は多いはずだ。

一対一より一対多でいく

以上のように、ちょっと有力そうな天敵もいないではないが、まだよくその生態が研究されていなかったり、防除したい作物のほ場にどういうわけか棲みつかなかったりで、チャノキイロの防除という意味では、まだ安定して頼れる存在になっていない。同じアザミウマでもミナミキイロアザミウマで取り組まれているナミヒメハナカメムシを使った総合的な害虫管理は、まだちょっと難しい現状だ。

第一、天敵防除が可能になるには、まずその食餌となる害虫（この場合はチャノキイロ）がいなければ天敵そのものが定着しないが、カンキツではアザミウマの絶対数が少なく、天敵の食餌を継続的に十分確保することができない。チャ園でも摘採作業のたびにチャノキイロの密度が極度に下がってしまうため、やはり天敵の食餌を十分に確保できないのである。

■第三の「天敵」としての〝ただの虫〟

生物農薬的な使い方にしろ、導入後の定着を図るいわゆる古典的な手法にしろ、チャノキイロの天敵防除はまだ模索の段階だ。それよりも現実的な展開として考えられるのは、天敵もその他の雑害虫も〝ただの虫〟も、とにかくいろんな虫がごちゃごちゃいる状況を嫌うチャノキイロの生態的特性を活かすかたちの防除である。

表8　昔の環境づくりに使える殺虫剤

種　類	農　薬	効果のある害虫
昆虫ホルモン	IGR剤	チョウ, ガ, カイガラムシ, コナジラミ, アザミウマ
性フェロモン	フェロモン剤	ガ
昆虫, ダニ	寄生蜂	アブラムシ, コナジラミ, ハエ
	捕食性昆虫	アザミウマ, アブラムシ
	捕食性ダニ	ハダニ, コナダニ, アザミウマ
微生物	ウイルス製剤	ガ
	細菌（BT剤）	チョウ, ガ
	糸状菌剤	カミキリムシ, コナジラミ, アザミウマ, アブラムシ
	線虫剤	ゾウムシ, ガ, カミキリムシ, コガネムシ

前に述べたが、私が一九八八年にチャノキイロの天敵を求めて訪ねたインドとネパールのチャ栽培地帯でも、チャノキイロは害虫としては知られていたが、最重要というのではなかった。

何か有力な天敵でもいて発生を抑えているのかと調べてみたが、どうも違う。チャノキイロも少ないが、天敵も少ない。確認されたのはカブリダニの一種だけだった。昔の日本みたいに作物上の生物層が多様にごちゃごちゃいて、そのためチャノキイロも増えることができないのではという感じだった。

第1章で述べたチャノキイロの害虫への顕在化、第2章の3節で述べたような、ほかの虫の存在を嫌う行動的な事実。そしてこのインドやネパールでの現実。これらのことから、チャノキイロにとってはただの虫の存在が与える影響が非常に大きく、第三の「天敵」ともいえる存在なのではと考えている。

チャノキイロの防除を考えた場合、これまでのいわゆる害虫-天敵関係だけでなく、〝害虫-ただの虫〟関係も顧みる必要がある。

■ただの虫を活かす農薬を選ぶ

そこで大事になってくるのが、農薬の選択である。チャでもミカンでも、その他の作物でも、害虫はチャノキイロだけではないし、病気だってある。農薬はどうしたって使わなければいけないし、使わざるをえない場面が多い。しかしそれがこれまで見てきたようにチャノキイロが増殖しやすい一人勝ちの環境をつくり、防除を困難にしてきた。使わないわけにはいかないが、使えば増えるというジレンマである。

これまではそれをより強い農薬をつくることで、乗り越えてきた。

しかし最近は農薬の開発に時間とお金がかかり、たまにいい農薬が出ても高価なものになっている。新しい農薬で防除することはコストがかかるということを、いま以上に覚悟しなくてはいけない。かつてのように、新薬に頼むというわけにはいかなくなってきている。

ここでヒントになるのが、〝害虫–ただの虫〟関係を活かす農薬選択だ。いろいろなただの虫が残ることで、チャノキイロの密度が一定程度抑えられていた空間をつくる農薬は何か、と考えてみるのだ。すると、選択性殺虫剤という選択肢が現われる（表8）。

農薬には、有機リン剤や合ピレのような皆殺し的な薬剤もあれば、限られた虫にしか効かない薬剤もある。オールマイティな前者に対し、後者の効果は選択的である。対象とする害虫以外の天敵は温存されやすい。それがこの選択性殺虫剤のよさだ。チャノキイロでいえば、それだけこの虫が苦手な環境がつくられやすい。

幸い、近年新しく登録された農薬は天敵やただの虫に影響の少ないものが多くなっている。影響は有機リン剤や合ピレに比べはるかに少なく、なるべくそうしたものを選べばいいわけだ。

また、殺菌剤は全般的に昆虫類に影響は少ないが、〝ただの虫〟のなかにはカビを餌としているものがいるので、殺菌剤の散布もまた少ないほうがいい。

では、具体的にどんな農薬があるか。防除の基本資材としてチャノキイロに使える農薬のラインナップを見てみよう。

2 使える農薬、使いたくない農薬

天敵や〝ただの虫〟を活かす農薬選びは、チャノキイロを対象にしたものはもちろん、ほかの病虫害に対して使う薬剤も対象になる。しかしここでは、チャノキイロ防除のために散布する農薬について整理し、後者は各論で述べることにしよう（表9）。

昔の農薬は要注意

まず注意したいのは一九七〇年代から八〇年代にかけて活躍した農薬たちだ。有機リン剤やカーバーメート剤、ネライストキシン剤など、この時代の農薬にはまだ現役選手が多い。

もっとも、チャノキイロに限っていえばとうに引退しているものがほとんどだが、ラベルにはまだ適用害虫としてチャノキイロが載っている。唯一実用的なのはオルトラン水和剤ぐらいだ。多くの場合、肝心のチャノキイロには効かず、天敵や〝ただの虫〟を殺すだけの結果を招く。天敵防除の観点からいえば害になるだけで、実用的な効果はない。

有機リン剤、合ピレ剤
……ただの虫や天敵の〝敵〟

速効かつ広範な（ということは皆殺し的な）薬剤の代表といえば有機リン剤と合ピレだ。どちらも虫の神経に作用して死に至らしめる作用をもつ。直接虫の体にかかればもちろんのこと、薬液のかかった葉の上を歩いただけでも死んでしまう。葉に薬剤が残っている限りは効果があり、残効期間となる。

先ほどあげたオルトラン水和剤が、この有機リン剤だ。残効性が短い有機リン剤のなかにあってオルトランは、例外的に残効性にもすぐれる。それでかれこれ三〇年近く使われてきたが、さすがに最近は長く使い続けた産地での防除効果が低下している。

一方の合ピレのほうは残効も長く、種類も多い。さまざまなタイプがあるなかで、表9にはチャノキイロに登録があって殺ダニ活性のある合ピレをあげてみた。

合ピレの効果は広い範囲に及ぶ。そのため、散布後によくリサージェンスを引き起こすことが知られている。特定の害虫を大発生させてしまう現象だ。ハダニなどがその典型で、よく多発する。チャではカンザワハダニ、カンキツでは、ミカンハダニなどがおなじみだ。そこで、チャノキイロの防除で合ピレを用いる場合は、ハダニにも効果のある剤を選ぶ必要がある。

しかし、チャノキイロやハダニは抑えられたとしても、代わりに、ただの虫や天敵は大量に死んで、長期間その回復が抑えられてしまう。合ピレ、有機リン剤の欠点だ。

ブドウ	カキ	その他
1500 ～ 2000 30–2	1000 ～ 1500 45–2	花き類・観葉植物・樹木類 1000 ～ 1500 発生初期–5
1000 7–4	1000 7–3	
1000 14–2	1000 ～ 2000 14–2	
10000 21–2	10000 7–3	マンゴウ 10000 14–2
2000 ～ 4000 14–2	2000 ～ 4000 7–2	
2000 ～ 4000 14–3	4000 7–3	
2000 7–2	2000 3–3	
2000 ～ 4000 14–2	2000 ～ 4000 14–2	
1000 45–1	1000 14–2	

を示す

ネオニコチノイド剤……カブリダニやクモ類には影響小

アドマイヤーに始まるネオニコチノイド剤（以下、ネオニコ剤）の登場は、アザミウマ類の防除史にあって合ピレ以来のインパクトがあった。合ピレや有機リン剤と同様、虫の神経系に働くが、その作用機作は異なることと、植物への浸透移行性によって長期間の効果が持続する。それまで苦労していたアザミウマの防除がいっきに楽になり、広く迎えられた。

本剤も広い殺虫効果があり、天敵やただの虫への影響は小さくなかったが、有機リン剤や合ピレと違ってカブリダニやクモ類にはあまり影響がなく、チャ園では有益だ。また寄生蜂に対しても、モスピラン水溶剤など農薬によって影響が小さいものがある。ただ、ほかの天敵やただの虫には影響する可能性がある。

ＩＧＲ剤……天敵に影響の少ない殺虫剤

幼虫が脱皮する際に必要となるキチン質の合成を阻害して死に至らしめるのが、ＩＧＲ剤である。このＩＧＲ剤の中では、カスケード乳剤がチャノキイロに登録されている。

ＩＧＲ剤は脱皮する虫の、脱皮の際にのみ効力を発揮するので、殺虫範囲は狭く、天敵やただの虫への影響は小さい。カスケード乳

表9　チャノキイロに登録がある農薬

系　統	殺虫剤名	チャ	温州ミカン	カンキツ
有機リン剤	オルトラン水和剤	1000 ～ 2000 30–2	1000 30–3	1000 30–3
合成ピレスロイド剤	アーデント水和剤	1000 14–3		
	ロディー乳剤	1000 ～ 2000 7–1	2000 7–4	2000 7–4
	テルスター水和剤	1000 14–2	1000 ～ 2000 前日–3	1000 ～ 2000 30–3
ネオニコチノイド剤	アドマイヤー顆粒水和剤	5000 ～ 10000 7–1	10000 14–3	10000 14–3
	モスピラン水溶剤	2000 ～ 4000 14–1	2000 ～ 4000 14–3	2000 ～ 4000 14–3
	ダントツ水溶剤	2000 ～ 4000 7–1	2000 ～ 4000 7–3	2000 ～ 4000 7–3
	アクタラ顆粒水和剤	2000 7–1	2000 14–3	2000 14–3
IGR剤	カスケード乳剤	4000 7–2		
マンゼブ剤	ジマンダイセン水和剤		400 ～ 600 30–4	600 90–4
そのほかの系統	コテツフロアブル	2000 7–2	4000 ～ 6000 前日–2	4000 ～ 6000 前日–2
	スピノエースフロアブル	2000 ～ 4000 7–2	4000 ～ 6000 7–2	2000 ～ 6000 7–2
	サンマイト水和剤	(1000 14–2)*	2000 3–2	2000 3–2
	ガンバ水和剤	1000 ～ 1500 14–1	1000 ～ 1500 14–1	

注）各農薬の上段の数字は使用倍率，下段は，使用時期（収穫何日前まで）と使用回数
たとえば，「14–2」とあるのは収穫14日前まで2回使用できる，という意味
＊チャではサンマイトフロアブルで登録

剤もチャノキイロの体内に入って脱皮するときに効くので、ほかの虫への影響はない。ただそれが逆に弱点でもあって、効果が現われるまでに若干時間がかかるのと、卵や成虫には効かないことに注意がいる。

また、近年は抵抗性が発達して使用できないところも出てきている。使用にあたっては最寄りのJAや普及センター、病害虫防除所に確認する。

マンゼブ剤
……忌避効果がある殺菌剤

チャノキイロの被害がカンキツで問題になり始め、研究者が防除方法を懸命に研究していた一九七〇年代の初め、当時、静岡県西部

病害虫防除所にいた竹内秀治さんはジマンダイセン水和剤などのマンゼブ剤を散布した温州ミカン園でチャノキイロの被害が少ないことに気が付いた。マンゼブ剤は本来黒点病などを防除する殺菌剤である。殺菌剤が虫を殺すのか?といぶかりながらも、私も追試験を行なったことがある。すると結果はやはり、被害少と出たのだ。

事実、当時のジマンダイセンの防除効果はそんじょそこらの殺虫剤に負けなかった。もちろん黒点病の防除効果も高かったから、本剤は殺菌剤とともにチャノキイロの殺虫剤としても登録された。

それにしても、なぜチャノキイロにも効いたのだろう。これを解いたのが、元静岡県柑橘試験場の古橋嘉一さんだ。

古橋さんはまず有機リン剤のオルトラン水和剤とジマンダイセン水和剤をそれぞれ散布した果実を用意し、チャノキイロの幼虫を接種した。すると、オルトランを散布した果実の幼虫はすべて死亡したのに、ジマンダイセンに接種した幼虫はまったく死なない。殺虫効果はやはりなかった。

次に、果実の半分にジマンダイセンを散布し、チャノキイロの幼虫を接種してみた。今度は、二四時間後に幼虫はすべてジマンダイセンがか

昔の農薬でいけたらいく

……といっても、ここで考えているのはIGR剤のこと。IGR剤も近年効かないところがだいぶ増えており、昔の農薬になりつつある。

しかし、IGR剤もまだよく効く畑がある。静岡県のようにチャ畑が多いところでは、周囲を林などで囲まれたような畑で、いまだIGR剤がそこそこ効いて安定している。こうしたところは新薬に飛びつく必要はない。無理して農薬は変えないことだ。農薬代は安いし、効かなくなったとき使える農薬がたくさん控えている。

また、それ以外の昔の農薬、合ピレや有機リン剤なども確かに広く効いて、本文でも指摘しているように天敵や〝ただの虫〟を活かす防除空間づくりには使いにくい薬剤だが、本当に一回とか、ぎりぎり二回とか、またスポット的に場所を限定して使うのであれば、必ずしも、リサージェンスが大発生して、さぁー困ったとはならないと思う。ここぞ、というときは、オルトランのような速効的な薬でリセットして、肝心の害虫被害を防いだほうがいい。だめなのは、それをダラダラと続けることなのだ。

そういう意味でも、昔の農薬でいけたらいく、だ。

かっていないほうへ移動した。つまり、チャノキイロはジマンダイセンを忌避していたのである。その防除効果は、チャノキイロを寄せ付けなくする忌避効果によるものだったというわけだ。

ジマンダイセンは本来、殺菌剤なので、天敵やただの虫への影響は少ない。〝ただの虫〟を生かす防除体系にもってこいの薬剤といえる。虫を直接殺すわけではないので、多発時の防除効果は低いが、チャノキイロの密度が低いときにうまく使えば、予防的に防ぐことができる。

〝ただの虫〟をバックアップするその他の殺虫剤

ピロール系の殺虫剤で呼吸酸素阻害剤のコテツはチャノキイロによく効く一方、クモやカブリダニなどの天敵には影響が少ない。寄生蜂やハナカメムシにも直接薬液がかかれば死んでしまうが、散布後の密度の回復は合ピレよりはるかに早い。天敵やただの虫を活かす剤とまではいえないが、バックアップ効果の高い薬剤ではある。

スピノエースは、カリブ海に浮かぶバージン諸島のラム酒製造後の土壌から採集された放線菌由来のスピノシン系殺虫剤。この剤も、害虫の神経系に作用して死に至らしめる。チャノキイロに対する効果は高いが、天敵やただの虫にもそこそこ効いてしまうのが難点だ。しかし残効性は低く、天敵の回復が合ピレに比べて早い。クモやカブリダニへの影響も小さい。

ガンバはチオウレア系の殺虫剤で、作用機作はネオニコ剤に似ている。やや遅効的だが、チャノキイロへの効果は高い。また、カブリダニ、ハナカメムシ、テントウムシなどの天敵にも影響が少ない。これもただの虫をバックアップできる薬剤だ。ただし寄生蜂には影響がある。

さて、以上のような農薬をもとに、天敵やただの虫を活かしながらどんなチャノキイロ防除が可能なのか。次に各作物別に見ていってみよう。

3　チャノキイロ防除はこうやる
——作物別の実際

●チャ●

チャ　ステップ1　防除の要らない時期を見つける

チャの場合、収量に影響する被害と、そうでない被害がある。収量に影響する被害は、「萌芽期」の加害だ。はなはだしい場合は芽が赤く変色して、収量皆無ということもある。この防除は当然必要だが、対象になるのは二番茶以降で、チャノキイロの密度がまだ低い一番茶期は問題ない（第1章3節、26頁）。

二番茶以降の「開葉期」の被害は、収量より品質に問題が残る。といっても、チャノミドリヒメヨコバイ（以下、ミドリヒメ）の被害ほどではなく、それより軽微なのは確かだ。したがって、摘採する芽にミドリヒメが少ない場合は（B5判白紙へのたたき落とし虫数が八頭以下／一〇a四カ所で）、「開葉期」の防除は省くことも可能だ。また摘採しないのだったら、防除は要らない。

秋芽はどうだろうか。昔から秋芽の生育が、翌年の一番茶収量にひびくといわれ、防除の徹底が叫ばれてきた。しかし、本当に一番茶収量は減るのだろうか。実をいうと、私はそれを証明した論文にこれまでお目にかかったことがない。

逆に、防除してもしなくても結果は同じ、というデータはある。鹿児島県の試験場の成績報告で、秋芽を徹底防除した区と無防除の区との翌年の一番茶収量を比較したものである。もちろん、これも秋芽でのチャノキイロの密度や何年も続けた場合の一番茶収量の差など、確かめなくてはいけないことがたくさんある。しかし、若干の収量減があったとしても、秋芽防除のコスト、労力を考えてやらないというのなら、試す価値はあると思う。

以上を整理すると、チャノキイロの防除でおもな対象になるのは、二番茶、三番茶、さらには摘採する茶期の萌芽期のみ、というい方も可能になる。

チャ

ステップ2

農薬を使用しない防除法

■中耕で蛹を埋没

チャノキイロはチャが大好きで、チャだけにいて世代交替を重ねることができる。チャ園で越冬する個体も多い（図54）。そこでこの越冬虫をねらった嫌がらせが、チャでは効果が高い。地表の蛹を埋没させる中耕である。

図54　落葉したチャの葉の裏で集団越冬するチャノキイロ
慣れれば肉眼でもわかる。写真の状態は、秋口の越冬初期の頃で，まだ幼虫も見える
（静岡柑橘試験場　原図）

　チャ園ではよく土壌の物理性の改善をかねて、施肥後に中耕を行なう。二月下旬から施用するのは、春肥。チャノキイロが活動し始めるのは三月上旬から。うまいこと中耕のタイミングが巡ってくる。深さは五〜一〇cmで十分。特別な中耕でなくても効果はある。きっちりやるかどうか、だけだ。

　ちなみにこの中耕効果、春肥のときばかりでなく、一番茶後と、二番茶後の夏肥施用時にも行なっておくと、その後に伸びてくる芽を食べるチャノキイロの初期密度を下げることができる。

■〝蛹にさせない〟秋整枝の効果

　蛹にさせない、蛹になれる場所をなくしてしまう、という嫌がらせもある。チャノキイロは卵や幼虫では冬を越せない虫である。成虫か、少なくとも蛹になっていないと越冬できない（第2章52頁）。そこでこの蛹にさせない、あるいは蛹になる場所をなくしてしまえば、成虫同様、越冬密度を下げることができる。

　越冬世代のチャノキイロは、おおむね十一月中旬頃までには蛹になる。これらは平地の気温で十月上旬に産卵された個体である。つまりこの間にチャノキイロが食べるものを与えなければ、蛹になれず越冬できないことになる。

　幸い、チャでは摘採面を揃える整枝

図55　乗用型送風式捕虫機
（野菜茶業研究所　原図）

作業を行なう。春の一番茶に向けては、前年の秋に行なう。ここで柔らかい葉を刈り取り、幼虫の餌を奪うことで、蛹になるのを防ぐことができる。

秋整枝は平均気温一八〜一九℃以下になったら（静岡の平坦地で十月上〜中旬、山間地では十月上旬）、なるべく早く実施する。整枝後の遅れ芽が出ない、もっとも早い時期だ。

なお、寒害を受けやすいチャ園や樹勢が弱い園などでは、秋整枝が年を越して春整枝になってしまうことがある。春先の二月下旬〜三月中旬の整枝である。秋整枝が幼虫の蛹化を防いで有効なのに対し、春整枝では越冬から目覚めた成虫の生息環境を攪乱して、かえって分散を促してしまうことになる。

■害虫を丸ごと捕獲

豪快なのは、（独）野菜茶業研究所が最近開発した害虫の捕獲装置だ（図55）。チャ樹の摘採面に水混じりの強風を吹き付けて害虫を吹き飛ばし、回収袋で捕獲、もしくは圧死させる。近いうちに市販が予定されている。チャノキイロだけでなくミドリヒメや摘採面にいるカンザワハダニ、ヨモギエダシャクも除去できる。

チャ　ステップ3　“ただの虫”を減らさない防除の実際

以上のような手だてを講じつつ、いよいよ農薬選びの実際だ。どんなものをどう使うのがチャノキイロの苦手な防除空間づくりに役立つのだろうか。

■チャノミドリヒメとの同時防除

まず考えなければいけないのは、チャノキイロの防除が多くの場合、ミドリヒメとの同時防除になっていることだ。ほぼ同じ薬剤が登録されているのがその理由だが、どちらかを単独で対象にして防除することは少ない。しかし、萌芽期の防除タイミングはチャノキイロのほうがやや早く、必ずしも最適期は一致しない。とはいえ、萌芽期に被害を受けると収量にひびくのは、チャノキイロもミドリヒメも同じ。同時防除による最適期の少々のズレは目をつぶろう。

問題は、開葉期の被害が、チャノキイロはミドリヒメほどひどくないことである。チャノキイロは無理に防除しなくてもいいときがあるが、ミドリヒメをたたく中でチャノキイロが同時防除され、併せてその天敵や〝ただの虫〟もやられてしまうことがある。難しいのがこのジレンマである。

どうしたら、ミドリヒメ防除もしながら、天敵やただの虫を減らさないチャノキイロ防除はできるだろうか。

■多発しているのはどちら?

まずは密度に応じて防除時期をずらしてみる。

たとえば、二番茶の萌芽期の防除ではチャノキイロとミドリヒメを一緒に六月上~中旬としていることが多い。これを、チャノキイロが多ければ上旬に実施して、ミドリヒメが多ければそれより遅く防除するのである（発生密度の多少については、後述）。ミドリヒメは年によって密度の変動が大きく、多発した年に早く防除しすぎるとまた増えて、追加防除が必要になることがある。しかし密度に応じた適期判断をすれば、無駄な追加防除を避けることができ、より天敵や〝ただの虫〟にやさしい防除空間がつくれる。

次に薬剤もなるべく天敵や〝ただの虫〟に影響が小さいものから使っていく（表10）。

まず抵抗性が発達していなければ、IGR剤のカスケード乳剤がいい。すでに抵抗性が発達していたら、次に影響の小さいコテツフロアブル、ガンバ水和剤を選ぶ。ただし連用すると抵抗性を発達させるおそれがあるので、モスピラン水溶剤、ダントツ水和剤やアクタラ顆粒水和剤などのネオニコ系殺虫剤も場合によってはローテーションに加える。

■農薬は薄めに使う

チャノキイロの防除は不要だが、ミドリヒメが防除対象となる場合はどうするか。これまでは同時防除を前提に、抵抗性を獲得しやすいチャノキイロ主体の薬剤を選んできた。しかしミドリヒメだけを対象にするなら、その縛りもなくなる。

たとえばカスケード乳剤。IGR剤で天敵に影響が少ない。チャノキイロの効果が低いところでもミドリヒメに効く場合がある。すでにIGR剤に抵抗性の発達しているところでは、チャノキイロの防除同様、コテツフロアブルやガンバ水和剤を選択する。

表10　チャで使用できる天敵や“ただの虫”に影響の小さい農薬

農薬名	種類	おもな対象害虫	影響のある天敵など
カスケード乳剤	IGR剤	チャノキイロアザミウマ，チャノミドリヒメヨコバイ，ハマキムシ類，ヨモギエダシャク，チャノホソガ，チャノホコリダニ他	テントウムシ類などに影響あり。チャノホコリダニは登録無
マッチ乳剤			同上。チャノミドリヒメヨコバイとチャノホコリダニは登録無
ガンバ水和剤	その他		寄生蜂に悪影響のおそれ。ヨモギエダシャク，ハマキムシ類は登録無
コテツフロアブル			カンザワハダニにも効果がある
バロックフロアブル	その他	カンザワハダニ	バロックは基幹防除に，マイトコーネ，粘着くんは臨機防除に用いる
粘着くん液剤	でんぷん		影響少
マイトコーネフロアブル	その他	同上およびチャノナガサビダニ	いくつかの産地のケナガカブリダニは合成ピレスロイド剤や有機リン剤に抵抗性を獲得しているが，これらの薬剤はほかの害虫の天敵に影響があるので，極力使用を控える
ハマキ天敵	顆粒病ウイルス	ハマキムシ類（チャノコカクモンハマキ，チャハマキ）	影響なし
ハマキコンN	性フェロモン		影響なし
ロムダンフロアブル	IGR剤		テントウムシ類などに影響のおそれ
マッチ乳剤など			同上
デルフィン顆粒水和剤，ゼンターリ顆粒水和剤など	BT剤	同上及びチャノホソガ，ヨモギエダシャク	影響なし
アプロードフロアブル	IGR剤	カイガラムシ類，ミカントゲコナジラミ	全般的に影響は少ないが，テントウムシ類に影響あり

また、ミドリヒメだけを対象とした場合は、農薬の希釈倍数も薄くできる。登録で一〇〇〇～二〇〇〇倍となっている薬剤を、これまではチャノキイロに合わせて一〇〇〇倍で使っていたのを、ミドリヒメ単独なら二〇〇〇倍でも効かせることが可能だ。薬剤によってはアクタラ顆粒水和剤のように、チャノキイロは二〇〇〇倍、ミドリヒメは三〇〇〇倍と薄く使用することが登録で義務づけられているものもある（JAや普及センター、病害虫防除所などで確認）。

ミドリヒメ単独の防除

ということを考えたら、チャノキイロの天敵や〝ただの虫〟を活かす手はまだまだ広がりそうだ。

■チャ樹の樹形を活かす

チャの樹は、薬液が内部までかかりにくく、天敵や〝ただの虫〟もその中でよく養われている。これを最大限活用してみよう。農薬の散布量を最小限にして、内部に薬液がとどく量をさらに少なくするのである。天敵や〝ただの虫〟への影響をもっと少なくすることができる。

チャに登録のある農薬は、ほとんど一〇a当たりの散布量が二〇〇～四〇〇lとなっている。しかし新芽加害害虫に、四〇〇lも散布する必要はない。新芽加害害虫とは、チャノキイロとミドリヒメ、それにコミカンアブラムシ、ツマグロアオカスミカメなどだ。チャノコカクモンハマキまで含めていいかもしれない。これらの害虫に対する効果試験は、たいてい最少薬量の二〇〇lで行なわれる。これで効果があれば農薬として登録されるのだ。十分、効くと考えてよい。

ただ、この二〇〇lという薬液量は思いのほか少ない。いつもどおりかけてみると、アッという間になくなってしまうかもしれない。その場合は、噴口をより細かいノズルに換えたり、圧力を下げるなどして、吐出量で調整する。

■カイガラムシ対策は無防除から

新芽にだけ薬剤をかけていればよいのだったら、チャノキイロ防除にとっても、天敵や〝ただの虫〟が温存されて好都合。でも、そうもいかない事情がある。クワシロカイガラムシ（以下、クワシロ）の存在だ。

確かに、この害虫はチャの枝に定着して樹液を吸い、ひどい場合には枝が枯れてしまうこともしばしばある。過去に多発して問題となったことも多い。現に、一九九四年から始まった大発生は一〇年たったいまも収束せず、発生し続けている。だからなおいっそうの防除を、と思うのかもしれない。しかしその逆なのだ。

クワシロの発生が収まらない産地には、実は防除が熱心なところが多い。どうもクワシロ防除に熱くなるほど、クワシロ防除に手を焼くという関係がある。それもそのはず、クワシロは元来天敵が多くいて、天敵によって密度が抑えられてきた害虫なのだ。

それで思い出すのが、今回の大発生が始まった翌年の一九九五年、私が静岡県茶業試験場に転勤したときのことだ。

前任者が試験場の一角を案内して、

3番茶期		4番茶期		秋冬番茶	
萌芽期	開葉期	萌芽期	開葉期	萌芽期	生育期
⇧カス，ガ，モ	（⇧[*1]）	⇧カス，ガ，モ	（⇧）	⇧カス，ガ，モ	秋整枝
⇧同上				（⇧）	秋整枝
第1世代発ガ最盛期	第2世代発ガ前	同発ガ最盛期			第3世代発蛾最盛期
					⇧（10/上～中）
⇧（2番茶摘採後）		⇧(3番茶摘採後，摘採しない場合は，8/中～下)			
	⇧樹勢が旺盛でフェロモンが設置位置に樹冠面から離れた場合に追加設置				
⇧幼虫発生初期					
第2世代幼虫ふ化期				第3世代幼虫ふ化期	
⇧7/中～8/上に，ア				⇧ 9/中～10/上に，ア	
	←	秋芽生育期に，粘，マイ		→	
6月～9月上旬に多発したら，カスかノ（チャノホソガ），もしくはデ，ゼ，マチ，ノ（ヨモギエダシャク）で防除 →					
← 8月～9月に，多発したらガ，もしくはコ →					

キイロや他の害虫を抑えるチャの防除体系

顆粒水和剤，ゼ：ゼンターリ顆粒水和剤，ロ：ロムダンフロアブル，マト：マトリックフロアブル，
マイ：マイトコーネフロアブル，ノ：ノーモルト乳剤，マチ：マッチ乳剤，コ：コテツフロアブル
スピラン（ネオニコチノイド剤），マトリック，ノーモルト（以上IGR剤），カーラ，コテツ（以上
が少ないという意味で使用

「ここにはクワシロカイガラムシが多発していたので、試験のため去年は殺虫剤の散布をしなかった。クワシロカイガラムシの試験はここでやるといいですよ」といわれた。

ところがいざ見てみると、クワシロのほとんどが寄生蜂に寄生されていて、試験できるほどの密度ではなかったのである。

クワシロは天敵や〝ただの虫〟を活かす防除をしていれば、ほとんど防除の要らない害虫だ。もちろん、樹形内部にまで届く薬量も要らない。いま現在クワシロが多発して、どうしても防除しなければいけないという場合に限って、IGR剤のアプロードフロアブルを散布すればよい。ただし、このときは一〇a一〇〇〇*l*は必要だ。

対象害虫	萌芽前	1番茶期	2番茶期	
			萌芽期	開葉期
チャノキイロアザミウマ 〔摘採する〕	春肥施用後に中耕		⇧カス，ガ，モ	
〔摘採しない〕			⇧同上	
ハマキムシ類		越冬世代発ガ前	同発ガ最盛期	
①BT剤（デ，ゼなど），IGR剤利用（ロ，マトなど）			⇧(1番茶摘採後)	
②性フェロモン剤利用（ハマキコンN）		⇧(3/下〜4/上)		
③顆粒病ウイルス利用（ハマキ天敵）			⇧ 幼虫発生初期	
クワシロカイガラムシ			第1世代幼虫ふ化期	
			⇧ 5/中〜6/上に，ア	
カンザワハダニ	⇧バ，カラ		⇧ 1番茶摘採後に，粘，マイ	
チャノホソガ，ヨモギエダシャク			←	
チャノホコリダニ				

図56 天敵や“ただの虫”を活かしながらチャノ

（薬剤略記）カス：カスケード乳剤，ガ：ガンバ水和剤，モ：モスピラン水溶剤，デ：デルフィン
ア：アプロードフロアブル，バ：バロックフロアブル，カラ：カーラフロアブル，粘：粘着くん，
併置している薬剤は，いずれかを使用する。薬剤についての詳細は，表10を参照。同表にないモ
その他の系統）は，どうしても防除をしなければいけないとき，ほかの農薬と比較して天敵に影響

＊1 密度が高いとき薬剤防除。以下も同じ

■IGR剤やBT剤、性フェロモン剤中心の農薬選び

ハマキムシ類、とくにチャハマキは成葉を食べるため、やはり一〇aに四〇〇lもの量を散布する。しかしハマキムシ類には、天敵や〝ただの虫〟にやさしい薬剤が多い（表10）。

たとえば、BT剤やIGR剤。なかでもロムダンフロアブルは特殊で、同じIGR剤でもほかのカスケード乳剤やマッチ乳剤などがキチン質の合成を阻害するのに対して、こちらは脱皮ホルモンに作用する。脱皮の準備ができていない害虫は、自然と異なる脱皮を無理強いされ死んでしまう。こうしたIGR剤やBT剤の防除効果を高めるには、他の薬剤の散布タイミングより若干早く使う。BT剤やIGR剤は、ヨモギエダシャクの天敵などを活かす防除にも適用できる。

二つ目は性フェロモン剤の利用だ。合成性フェロモンでメスの所在を混乱させ、オスがメスと交尾できなくさせて防除する。天敵やただの虫にはまったく影響がない。現在では、より天然に近い剤（ハマキコンN、Nはナチュラル〈自然の〉の頭文字）が市販され、効果をあげている。

年に一回、三月中旬～萌芽前までにチャ園に設置する。一〇aに二五〇本、なるべく直射日光のあたらない枝に巻き付けるが（日光がその成分を減退させるので）、あまり低いと交尾が行なわれる樹冠面での効果が落ちる。五〇a以上まとまった畑で用いるようにするが、傾斜地では成分が下方に流れてしまうのが難点だ。

三つ目は微生物天敵である。天敵はハマキ顆粒病ウイルス、製品名もそのまま「ハマキ天敵」という。

増殖した生ウイルスをチャ園に散布してハマキムシ類に感染させるもので、他の天敵や〝ただの虫〟にはまったく影響がない。

ウイルスは若齢幼虫しか感染しないから、散布するタイミングは重要だ。一番茶摘採後の第一世代では「発蛾最盛日」後一六～二二日の間に、第二～三世代では「発蛾最盛日」後九～一五日に散布する。また、ウイルスは永続的にチャ園で生息しないので（次世代には感染するが）、ハマキムシの密度が高いときは一年に二回散布する。農薬による補完的防除も必要になる（図56）。

なお「発蛾最盛期」とは、予察灯での成虫の捕獲ピーク。大きな産地ではJAが調査を行なっているので、その情報を入手して防除に役立てる。

チャ ステップ4 防除の要否、効果の検証

以上のような防除の展開を、実際に目で見て確認していくには、トラップ調査やたたき落とし調査が役立つ（図57、58）。

■幼虫が一〇a四〇頭以上になったら要防除

成虫密度や発生時期を知るにはトラップを用いる。微小害虫のモニタリング用に黄色や青に塗ったプラスチック板に粘着剤を塗った資材が多く市販されている[注]。それを棒につけて摘採面の高さに設置し、付いた虫の数を調べる。

調査間隔は短いほどよく、防除時期が近いときは二～五日、そうでないときは七～一〇日に一回程度行なう。新芽がないとき、防除の必要がない時期

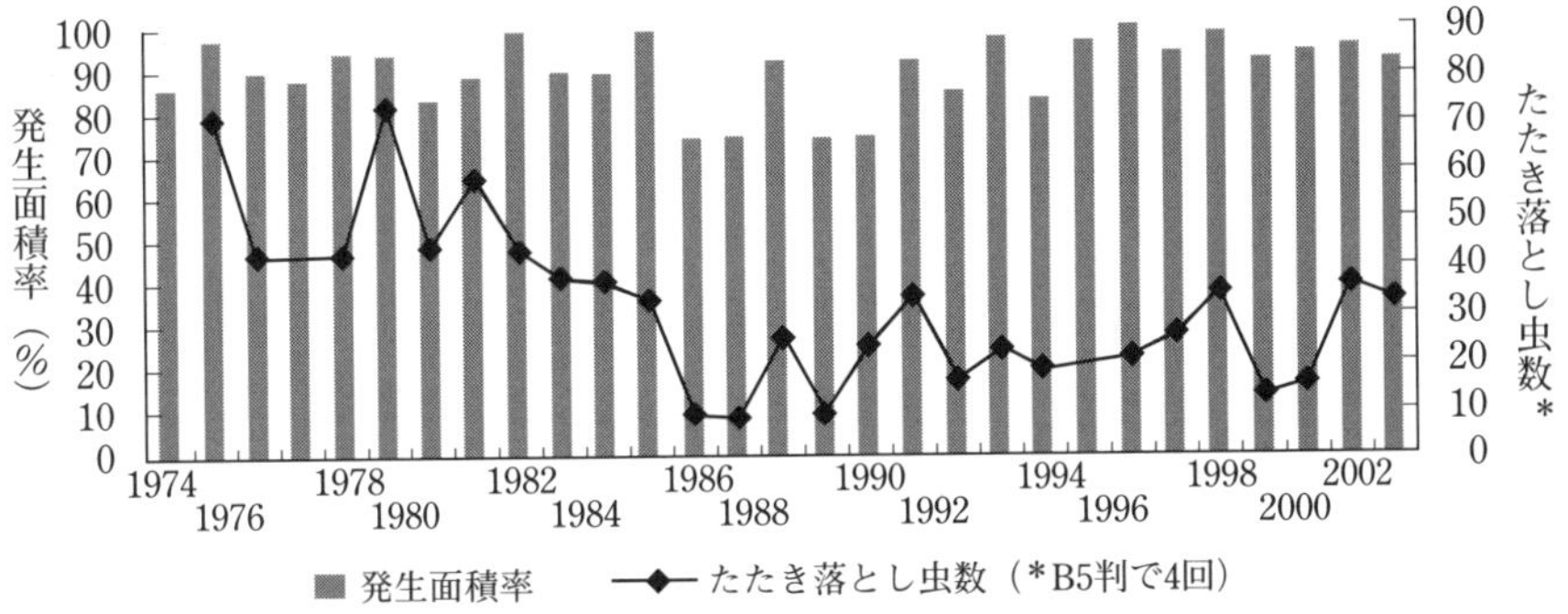

図57　静岡県のチャでの発生面積と密度の推移

（静岡県病害虫防除所）

年によって発生の変動が激しい害虫の中にあって，これほどコンスタントに発生するものは他に例を見ない

図58　たたき落としによる調査

は調べる必要がない。

（注）市販されている資材には、一〇cm幅の黄色粘着シートが一五m巻きになった「ITシート」、一〇cm×二五cmに切ってある「虫取りくん」、小型粘着板（以上、サンケイ化学）、一〇cm×二六cmの塩化ビニールのシートに粘着剤を塗ってあるホリバー（アリスタライフサイエンス）などがある。

幼虫を含めた密度を把握するにはたたき落とし法がよい。加害の主役となる幼虫密度の把握はとくに大事だ。

図58のようにチャ株の葉層の下にB5判の画用紙やプラスチック板をあてがい、葉層を一〇回たたく。板の上に落ちたチャノキイロの成・幼虫をすばやく数える。数えているうちにちょこまか動いたり、飛び立ったり、裏に移動してしまうことがあるが、無視していい。数え切れないときは防除が必要なのである。つごう四カ所でたたいて、合計が四〇頭以上であれば要防除だ。もちろんこれは防除が必要な二番茶や三番茶の萌芽期の基準である。

以上の確認は、防除の効果を測定す

るうえでも有効だ。

■中山間地で無農薬が可能なわけ

中山間地のチャ園ではチャノキイロの密度が低いため、摘採する葉に対してさえ防除が不要なことがある。チャノキイロだけでなく他の害虫も少ないので、無農薬栽培が可能な産地も多い。どうして、中山間地で害虫が少ないのだろう。

一つには、気温が低いことがあげられる。そのため平地より害虫の増殖が抑えられる。それだけ防除回数も減らせるので、天敵や〝ただの虫〟が棲みやすい環境ができる。

また、チャの害虫は昔から日本にいるものが多い。野山にはその天敵となる虫たちが多い。それらの天敵や〝ただの虫〟たちが棲みやすい環境のチャ園にやってきて、害虫たちはますます

チャノキイロに強いチャ品種

チャノキイロの被害はチャの品種によって差がある。新芽の黄色みが強く、柔らかい品種が弱い傾向があるのだ。チャノキイロは黄色のトラップによく誘引されるが、黄色みの強いチャ葉にもよくひかれるということだろう。逆に、緑色が濃く、新葉が早く硬化する品種はチャノキイロの被害が少ないことになる。少し古いが、強い品種には「むさしかおり」や「さやまかおり」「やまなみ」などは強く、「やえほ」は弱い品種だ。

現在一番多くつくられる「やぶきた」はやや弱い。私は同じほ場に植えてある「やぶきた」と「七一三二」を見て驚いたことがある。同じようにチャノキイロの加害を受けて、「やぶきた」は葉が変形するほどだったのに対し、「七一三二」は茶色の筋が入る程度でまったく被害程度が違うのである。「七一三二」は紅茶用の品種だが、新葉の緑色が強く、葉の硬化が早いことで知られている。

摘採時期の分散化、特色あるチャづくりということで、これまでさまざまな品種の導入が勧められてきた。しかし「やぶきた」偏重はやまず、相変わらず主流をなしている。最近は茶商からも「やぶきた」以外の品種を求める声も強く、品種の更新は追い風になっている。新植や改植の際、チャノキイロの被害が少ない品種を考えるのも選択肢の一つだ。

少なくなるのである。

もう一ついいことがある。農薬の使用回数が少ないため、薬剤抵抗性の発達が遅く、農薬の選択肢が多いことだ。中山間地域では少ない害虫に対し、多様な農薬の対応が可能なのである。

同じように標高が一〇〇m程度と低くても、周囲をスギ、ヒノキの人工林などに囲まれたチャ園では害虫の発生が少なく、無農薬栽培が可能である。

ただ、いくら害虫が少なくてもそれまで殺虫剤を散布していたら、急にやめるのは危険だ。当然ながら、農薬を散布している環境では害虫とともに天敵も殺している。しかも害虫は天敵より農薬に強く、密度の回復が早い。で、また、農薬を散布するという循環にある。そのバランスを、農薬を急にやめることで崩すことになる。いままでいた天敵の空白期間が生じ、害虫を大きく発生させてしまうのである。無農薬一年目に起きる事態がこれである。

もちろん、徐々に天敵は増えてくるが、いっぺんにではない。カイガラムシやハマキムシのように年間の発生回数が少ない害虫の天敵は、とりわけそうだ。ようやく二年目を終える頃になって害虫との密度バランスもとれるようになり、被害も収まってくるのである。

■でも平坦地では難しい

しかし、平坦地ではそれもかなり困難である。

いくつかの試験場で行なった結果も、平坦地での無防除は困難としている。また農家で無防除に取り組んでいる例もあるが、一番茶のみの栽培で、しかも収量をある程度確保するため通常より遅く摘採している。したがってあまり茶葉の品質も高いとはいえないようだ。

品質を落としてまで無農薬にこだわる意味はあるかどうか。それは個々の生産者の判断次第だが、無農薬栽培をするなら害虫発生が少ない中山間地が適している。(注)

ただ、本書で述べてきたような、また中山間地で無防除が成功しているように、多くの虫がごちゃごちゃ残る空間つくりがチャノキイロ防除に有効であることをヒントにすれば、減農薬の工夫によって、今以上に無農薬の可能性は広がるかもしれない。

(注)中山間地には弱点もある。冷涼な気温に適するもち病や網もち病がときどき多発することだ。

●カンキツ●

カンキツ

ステップ1
防除の要らない時期を見つける

■被害部位は果梗部？ それとも果頂部？

第1章26頁で紹介したように、チャノキイロによる温州ミカンの被害は果実内容に影響することはきわめてまれだ。その意味ではこれまでの防除は外観をきれいにするために行なわれてきた。だとするなら、温州ミカンでは、チャノキイロの被害はいっそすべて許してしまうという考えもなくはない。

幸い、今は光センサで果実内容が十分測れる。見てくれの良否とは別に内容がわかるようになっている。そして糖度の高いミカンはそうでないミカンより、外観が悪くても高く売れる。また減農薬も現在は有効なＰＲポイントになっている。チャノキイロの防除を省くという判断はあながち無謀なものではない。

ただ、ネーブルなどオレンジ系の中晩柑類の被害は温州ミカンより大きい。果梗部に被害が集中すると（第1章31頁図19）、果実の肥大に影響する。チャノキイロの密度が高いところでは防除が必要だ。しかし、果頂部の被害のほうはそれほどでもないので、果梗部から被害が移ってきたら防除は省いてもよい。多少果実の汚れは残るが、減農薬の手がかりになる。

甘夏やブンタンもネーブルと同様、被害はほとんどが果梗部で、ヘタを中心に二重、三重のリングができる。清見も果梗部を中心に激しい被害が生じる。逆に果梗部の被害が少なく、果頂部の被害が大きいのが、不知火、宮内イヨカン、ハッサクである。

■いっそ、無防除も可

以上を整理すると、温州ミカンの防除は果皮の被害を恐れなければ無防除が可能だ。

防除するにしても、果梗部の被害が許容できれば、七月下旬まで防除は要らない。静岡県でいえば、六月中旬、七月上旬そして七月下旬の三回の防除がけずれる。また、果頂部前期の被害が許容できれば八月中旬の防除が不要だし、後期の被害が許容できれば九月上旬以降の防除が要らない（第1章28頁図15を参照）。果梗部被害が中心のネーブルもほぼ同時期と考えてよい。

果頂部被害が中心になる不知火、宮内イヨカンなどは防除時期が異なる。温州ミカンが果梗部の被害を受ける六月上〜中旬からこれらのミカンでは果頂部の被害を受け始める。そして七月下旬まで被害が増加し、八月以降は減少する。

慣行防除は、六月上旬、下旬、七月中下旬の三回だが、早い時期の加害ほど被害は大きいので、遅い時期の防除から許容できる被害に応じて削減する。八月以降の防除は不要である。

カンキツ　ステップ2　農薬を使用しない防除法

チャノキイロにとって温州ミカンは好きな作物ではない。ミカン園で繁殖する数も少ない。今いるのはほとんどがよそから飛来した個体だ。したがって被害を減らそうと思ったら、まずミカン園に飛び込む前の増殖源を断つのが近道だ。

■防風林の改植、ネットの展張

最初は防風林に注目しよう。静岡ではイヌマキ、西南暖地にはサンゴジュが多い。静岡では法面の崩壊を防ぐためチャを植えている園地も少なくない。いずれもチャノキイロの好物、増殖源である。これを改植するのは大変かもしれないが、防除体系を大きく変えるきっかけになる。代替樹には昔あったスギ、ヒノキのほか、カラマツ、シラカシなどがある。ただし潮害を受けやすいところではヒノキは避ける。

改植が大変なら、コストはかかるが防風ネットという手もある。ネットを張るだけで防風林の生長を待つ必要はないし、せん定などの手入れも要らない。ネットの選定は風の強弱など園地の立地条件によって異なるが、防風林の代替としてなら、編み目四mm、高さ四mまでで十分だ。

■光反射マルチで防ぐ

もう少し積極的には、第2章64頁で述べた光反射シートの利用がある。光の反射でチャノキイロの行動を混乱させる。

光反射シートは、近紫外域の光反射率が高いものなら何でもよい。アルミ蒸着フィルムや近紫外線反射フィルムなどが市販されているが、ミカンの糖度をあげるために樹の下によく敷かれるポリエチレン不織布（商品名：タイベック）も同様の効果がある。ふつうはこれを七月上～中旬から敷いているが、チャノキイロの防除も兼ねるとなると少し早く、六月上旬から敷く必要がある。訪花害虫にも効果があるので、その効果も狙うなら五月から敷くのがよい。

タイベックには、アブラムシやミドリヒメヨコバイに対する防除効果や雑草の抑制、少雨時の乾燥を防ぐ効果もある。

その反面、六月の夏肥時にはいったん被覆を外さなければいけなかったり、果実肥大時に水不足になったり、乾燥を好むミカンハダニが増えてしまったりする不都合もある。チャノキイロに対しても、傾斜が強い園地では下からの光の照り返しが弱くなり、防除効果が落ちる難点がある。さらに、ミカン園の樹冠占有面積率が七〇%を超えると効果が低い。樹が込んだ密植園ではあまり効かない、ということだ。

十分な効果を得るには樹冠占有面積率は六〇%以下にするのと、シートの被覆率（ミカン園を覆う割合）を最低で七〇%、農薬での慣行防除並みを求めるなら九〇%はほしい（図59）。

それが叶わないような場合は農薬による防除を併用して対応する。たとえば、光反射シートの反射光が届かない樹頂部や、直下にシートのないところへのスポット的な散布である。

また灌水と肥料についても、専用のチューブをシート下に設置すれば対応は可能だ。

なお、カンキツのハウス栽培では、アブラムシの忌避効果で知られている近紫外線除去フィルム（商品名：カットエース、ムラサキエースなど）が有効だ。近紫外線を除去することで、人には明るく見える光景もチャノキイロにはかなり暗く映るのだろう。これをハウスミカンの被覆資材とすれば被害が軽減できる。ミカンキイロアザミウマにも効果がある。

■摘果で被害を防ぐ

ステップ1で述べたように、

図59　反射シートを設置した温州ミカン園（静岡県三ヶ日町）

多少の被害に目をつぶるのなら、こうした対策も必要ないわけだが、果実糖度を上げるという作業管理や、ほかの害虫を避けるという対策のなかでチャノキイロも防除できると考えれば、取り組む価値はある。

同じことだが、チャノキイロの被害果を優先的に摘果すれば、農薬を使わないでも被害を軽減できる。ただ、チャノキイロの被害は比較的糖度が高い外成り果に多い。なかなか摘果しにくい果実だが、きれいな果実に仕上げたいなら採るし、品質だというなら、やはりチャノキイロの被害はある程度目をつぶるしかない。

カンキツ

ステップ3 〝ただの虫〟を減らさない防除の実際

■ジマンダイセンの忌避効果

一般的に、チャノキイロに効果が高い農薬は、天敵やただの虫にも影響が大きい。その中で異色なのは79～80頁で紹介したジマンダイセン水和剤。本来は黒点病に効果がある殺菌剤だが、薬剤の付着痕が白く残って前述の反射シートと同様な効果を見せ、チャノキイロに登録がある。

黒点病とチャノキイロの防除時期がだいたい重なるのも都合がよく、同時防除ができる。ただし、登録用件は、黒点病のみの防除では六〇〇倍で、チャノキイロとの同時防除なら五〇〇倍で散布となっている。六〇〇倍では果実に付着した白さが足りず、チャノキイロを十分忌避できないのだ。

直接チャノキイロを殺すわけではないので、密度が高いときや、雨が降った後も付着痕が流れて防除効果は低くなるが、予防的に使えば面白い効果を発揮する。

■天敵放飼は確実に活かす

その他、81頁で見たように、ガンバ水和剤はカブリダニやテントウムシ類に、コテツフロアブルはカブリダニに比較的影響が少ない。ただし、ガンバ水和剤はイヨカンやネーブルでは薬害を生じるので、同様の効果を望むならコテツフロアブルかモスピラン水溶剤がよい。これらをうまくチャノキイロ防除の中に位置づけ、合ピレ、有機リン剤などの薬剤は極力使わないようにする。やむを得ず用いるときは、果実や新梢になるべくスポット的に散布して、天敵や〝ただの虫〟の保護に努めることだ。

また、カンキツでは多くの天敵が実用化されており、それらを活用することにより、土着の天敵や〝ただの虫〟を保護することができる。

活用できる天敵は、イセリヤカイガ

表11　温州ミカンで使用できる天敵や“ただの虫”に影響の少ない農薬

農薬名	種　類	おもな対象害虫	影響のある天敵など
ジマンダイセン水和剤	有機硫黄剤	チャノキイロアザミウマ	
マシン油乳剤（トモノールS、ハーベストオイル、アタックオイル）	天然物	ヤノネカイガラムシ ナシマルカイガラムシ ハダニ類	影響は不明
アプロードフロアブル	IGR剤	ヤノネカイガラムシ アカマルカイガラムシ ミカントゲコナジラミ コナカイガラムシ類	テントウムシ類
カスケード乳剤	IGR剤	ミカンハモグリガ	テントウムシ類
バロックフロアブル	その他	ハダニ類 ミカンサビダニ	
バイオリサ・カミキリ	微生物天敵	ゴマダラカミキリ	

ラムシに対するベダリアテントウムシ、ヤノネカイガラムシに対するヤノネキイロコバチとヤノネツヤコバチ、ルビーロウムシに対するルビーアカヤドリコバチ、ミカントゲコナジラミに対するシルベストリコバチ(注)、ゴマダラカミキリに対するボーベリア菌（商品名：バイオリサ・カミキリ）。これらの詳細は『天敵利用で農薬半減』（二〇〇三年、農文協）138頁以下を参照して頂きたい。

（注）これらの天敵があまり見られないという状況では、追加的な放飼が必要となる。ベダリアテントウムシ、ルビーアカヤドリコバチ、シルベストリコバチについては、静岡県柑橘試験場（〒四二四—〇九〇五　静岡市清水駒越西二—一二—一〇）で増殖配布を行なっているので問い合わせるとよい。

■マシン油乳剤は冬に使う

チャノキイロ以外の害虫に対する防除でも天敵や〃ただの虫〃に影響の少ない農薬を使いたい（表11）。

このうちマシン油乳剤（以下、マシン油）は天敵活用農薬として確固たる地位（?!）があるが、この薬剤の作用機作は虫の気門を塞いで窒息死させることである。害虫だけでなく、ほかの虫もマシン油を浴びたら死んでしまう。影響がないとはいえない。それでも、マシン油が乾いたあとは、その上を歩いても死なないし、抵抗性の発達の心配もない。ほかの化学合成農薬に比べたら、総合得点でやはりマシン油は、天敵や〝ただの虫〟にずっとやさしい。

ところで、このマシン油をカンキツで使う場面で多いのが、ハダニ防除だ。静岡県の防除暦でも三回のうち三回ともハダニの防除を対象とし、うち一回がカイガラムシとの同時防除となっている。

しかし、天敵活用農薬としてのマシン油の使い方を考えた場合、大事なのはむしろ冬季のカイガラムシ類防除で、ここで成虫をたたいておくと防除はぐっと楽になる。これを幼虫期に対応しようとすると、ヤノネカイガラムシ、ミカンワタカイガラムシ、ナシマルカイガラムシ、コナカイガラムシ類の防除適期が微妙に異なり、同時防除できず、年二回の散布は避けられない。しかも適用農薬は有機リン剤が多く、天敵類や〝ただの虫〟に対する影響は冬季のマシン油の比ではなくなる。

冬季のマシン油散布はぜひ行ないたい。

■ネックはカメムシだが……

温州ミカンのチャノキイロ対策でただの虫を残そうとした場合、最大のネックになるのがカメムシ類だ。

カメムシ類に効果のある薬剤は、有機リン剤、合ピレ、ネオニコ剤と、天敵や〝ただの虫〟に影響の大きいもののオンパレードである。しかしそうかといって、チャノキイロの対策のためにその使用を控えるわけにもいかない。カメムシ類が多発した場合にはそんな悠長なことはいっていられない。

が、カメムシ類の発生は年によって増減し、発生量はある程度予測できる[注]。そうした方法を用い、多発年次はやむを得ないものの、そうでない年はやみくもの防除を避け、果実以外には散布液がかからないようにして、極力皆殺し的な薬剤を避けるようにする。

（注）本書と同シリーズの『果樹カメムシ』（堤隆文著）87頁以下参照。

■温州ミカン園の防除モデル

以上を総合すると、温州ミカンのチャノキイロ防除モデルは図60のようになる。

まず、平坦地から緩傾斜地にあり樹冠占有面積率六〇％のほ場は、近紫外線反射フィルムを敷く。外観被害をどう経営判断するかだが、許容できるレベルが高ければ農薬による防除は基本的に不要だ。

周囲にチャなど増殖源が多いところ、許容できるレベルが低い場合は補完的な防除が必要だが、反射光が届かない樹頂部などへのスポット的な散布

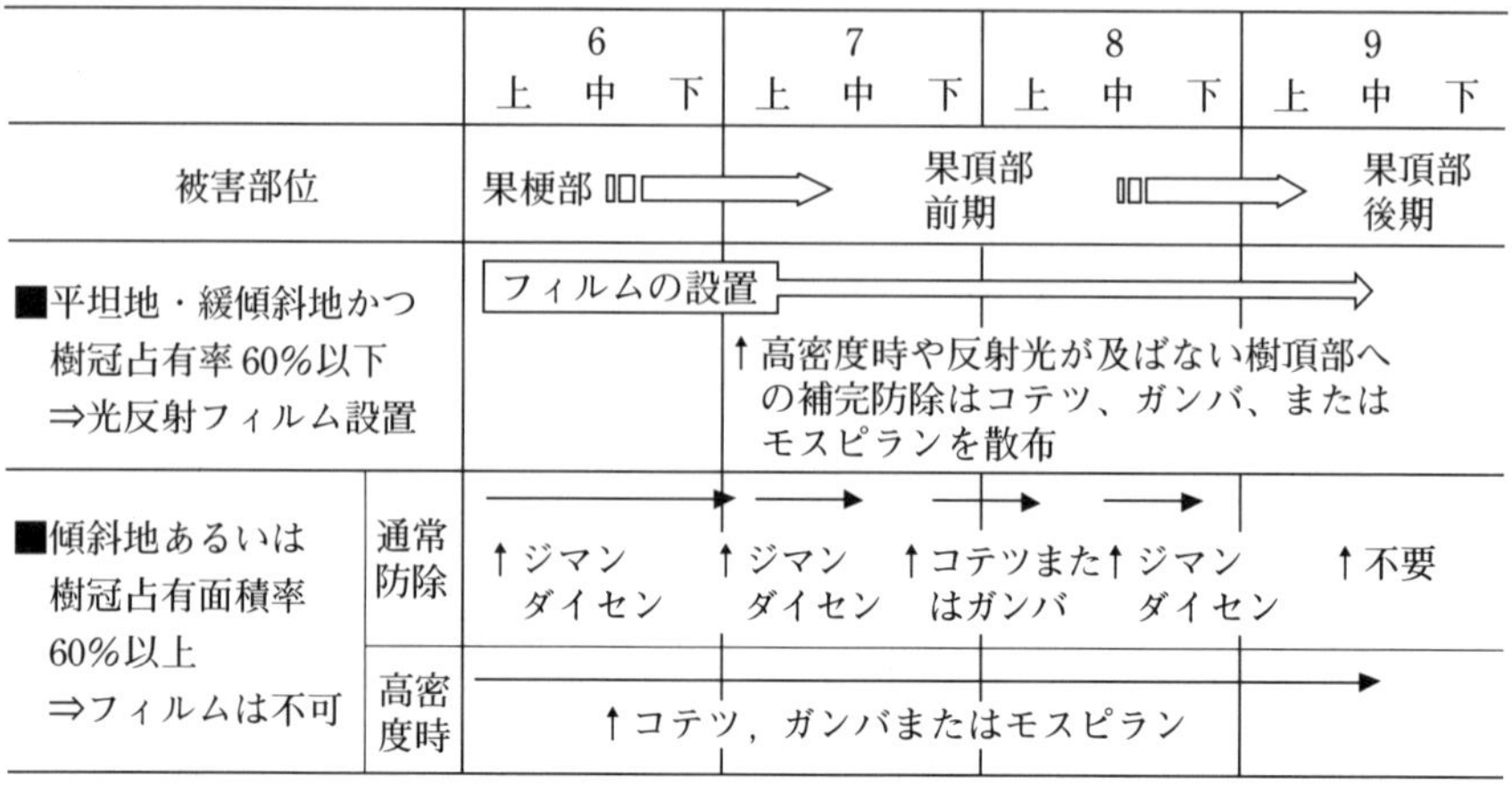

		6 上 中 下	7 上 中 下	8 上 中 下	9 上 中 下
被害部位		果梗部 ▭▬▶	果頂部前期 ▭▬▶		果頂部後期
■平坦地・緩傾斜地かつ樹冠占有率60%以下⇒光反射フィルム設置		フィルムの設置 ━━━━━━━━━━━━━━━━━━▶			
			↑高密度時や反射光が及ばない樹頂部への補完防除はコテツ、ガンバ、またはモスピランを散布		
■傾斜地あるいは樹冠占有面積率60%以上⇒フィルムは不可	通常防除	↑ジマンダイセン	↑ジマンダイセン	↑コテツまたはガンバ	↑ジマンダイセン ↑不要
	高密度時	↑コテツ，ガンバまたはモスピラン ━━━━━━━━━━━━━━━━━━━━▶			

図60 温州ミカンにおける天敵や“ただの虫”を活用したチャノキイロの防除体系

注1 フィルム；近紫外線フィルム，ジマンダイセン；ジマンダイセン水和剤，コテツ；コテツフロアブル，ガンバ；ガンバ水和剤，モスピラン；モスピラン水溶剤のそれぞれ略

注2 これはすべての防除を行なうとした場合のモデル例。本文にあるように許容できる被害であれば，当該の防除は省いてよい

で十分だろう。

近紫外線反射フィルムを設置できないほ場では、ジマンダイセン水和剤を主体に防除を組み立てる。しかし発生密度の高いときは、それだけでは間に合わないので、殺虫効果のあるコテツフロアブル、ガンバ水和剤、モスピラン水溶剤などを散布する。

■ＪＡＳ法基準に基づく有機栽培

佐賀県果樹試験場などでは、ＪＡＳ法の基準に基づく有機栽培のモデル例を追究している。

チャノキイロの防除は近紫外線反射フィルムを用いる。もちろん、被害が気にならないのだったら使用しなくてもよい。

ほかの害虫は天敵を用いる。購入するのはゴマダラカミキリ用のバイオリサ・カミキリだけで、ほかは配布機関から提供される天敵を一度放飼するだけだ。この天敵が定着せず、カイガラムシが多発したときは十二月下旬～一月中旬にマシン油六〇倍を散布する。

四月以降にハダニが増加したときもマシン油で対応し、一〇〇～一五〇倍を散布する。ただ、七～八月のミカンハダニは収量や品質に影響しないので、防除はしない。またそれ以降、収穫までは果実内容を低下させるのでマシン油は散布しない。

サビダニが五～七月に発生したら、早めに水和硫黄剤四〇〇倍を散布する。

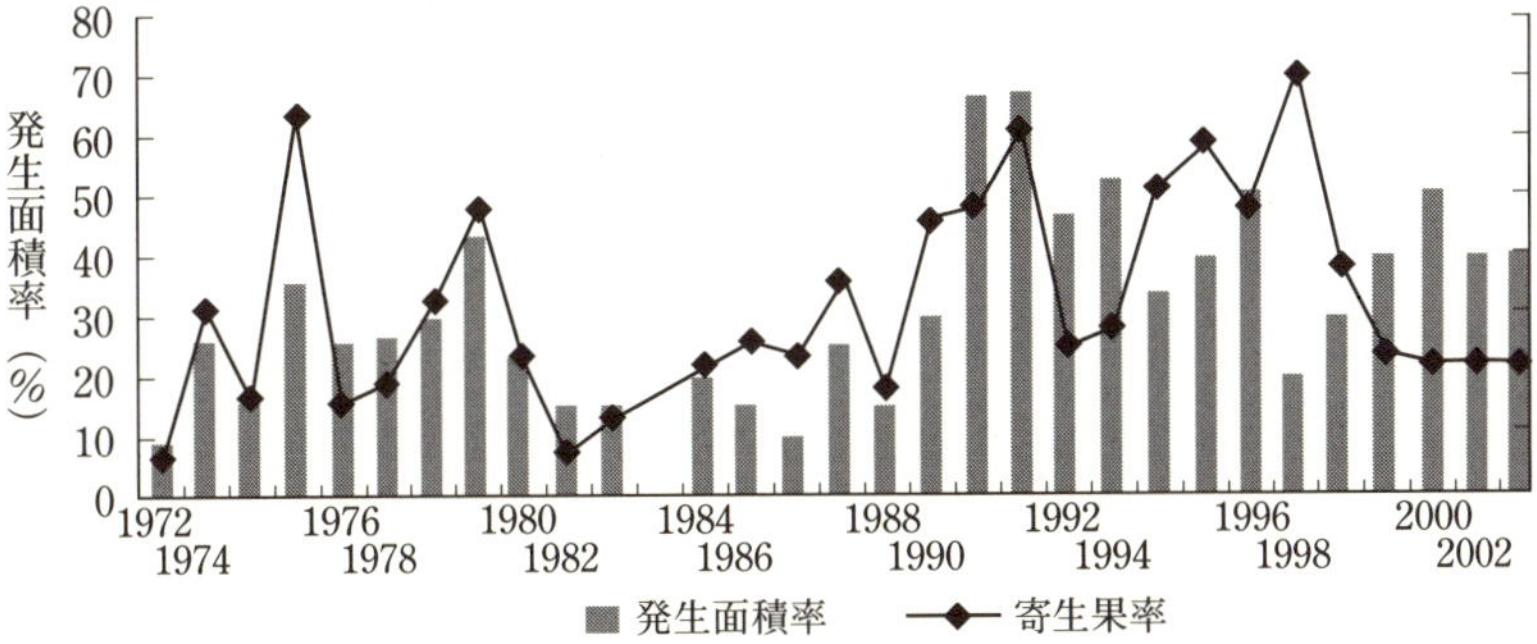

図61　静岡県西部地区温州ミカンでの発生面積と寄生果率の推移
（静岡県病害虫防除所）
カンキツ園ではあまり増殖しないので発生率の年次変動が激しい。周囲の増殖源での密度に左右されるためである

病気についてはやや手間がかかるが、耕種的防除に徹する。黒点病は、冬の間と五月上～中旬から一次生理落果終了まで枯れ枝の除去に努める。そうか病は罹病葉の除去を冬の間に行なうが、多く発生するところは四月中～下旬の展葉期と、五月下旬～六月上旬の落弁期に五―五式ボルドー液かZボルドーの四〇〇倍を散布する。灰色かび病対策は落弁期に花弁を落とす。

これらで完璧な防除を期すのは難しいが、多少外観上の被害があっても有利販売は請け合える。

カンキツ　ステップ4　防除の要否、効果の検証

前にも述べたが、カンキツ類は主要な増殖源ではない。カンキツ園にいるチャノキイロの多くは、外から侵入してきたものだ。図61は、ここ三〇年間の静岡県西部地方におけるチャノキイロの発生状況だが、ご覧のように、発生面積、寄生果率とも年による変動が大きい。こうした外から侵入してくるチャノキイロの動きを把捉するには、黄色粘着トラップが有効だ。増殖源の近く、地上一・五mの高さに設置する（図62）。飛来時期の確認だけなら一カ所で、量的に把握するなら一〇aに三カ所ぐらい用

図62　黄色平板粘着トラップ

表12　温州ミカン果実の被害別要防除水準　（単位：％）

果梗部の被害		果頂部前期の被害	
被害果率	要防除寄生果率	被害果率	要防除寄生果率
10	1.3	10	2.0
20	5.0	20	2.9
30	8.2	30	4.1
40	11.1	40	5.6
50	13.8	50	7.7
60	16.4	60	10.3
70	18.8	70	13.6
80	21.1	80	17.9
90	23.3	90	23.2

注）上の数字は，たとえば果梗部の「被害率」(被害を受けた果実の割合）を10％以下に抑えるためには，「寄生果率」(1頭でも虫がいる果実の割合）1.3％で防除しなければならない，ということを示す

意する。

外からの飛来とは別に、すでに園内にいるチャノキイロの密度を調べる場合は果実に付いた虫を調べる。といっても、厳密に数えるのは大変なので、いるか・いないかだけを見て（肉眼で確認可）、一頭でもいたら寄生果とし、その寄生果率で判断する。

収穫時の被害を一定以下に抑えるには、どの密度で防除したらいいかという目安を「要防除水準」というが、どの程度の寄生果率なら被害がどれぐらいになるかを、静岡市で行なった調査結果から計算してみた（表12）。園地の条件によって多少異なると思われるが、あなたの園の寄生果率をあてはめて参考にしてほしい。

●ブドウ●

ブドウ　ステップ1
防除の要らない時期を見つける

ブドウはチャノキイロが好きな植物だ。被害も外観だけにとどまらない。ミカンのように被害のすべてを許すなど、とてもできない。

ただ、ブドウは品種によって事情が少し異なってくる。ブドウは品種が多く、作型も施設から露地まで多様だ。ブドウのもっとも深刻な被害は落花期から幼果期の果実への加害だが、それが品種や作型によって暦日的に異なるのである。

■露地は防除をけずれない

図63は、大阪府におけるデラウェアの作型。十二月加温の超早期から露地まで七つもある。

ブドウは落葉が早いので、早期作型の施設内でチャノキイロが越冬するのは難しい。越冬世代の多くはブドウ以外の植物で生育して、外から侵入してブドウを加害する。その園外で個体数が増えるのは四月下旬～五月、本格的に密度が高くなるのは六月になってからだ。一方、デラウェアが果実に被害

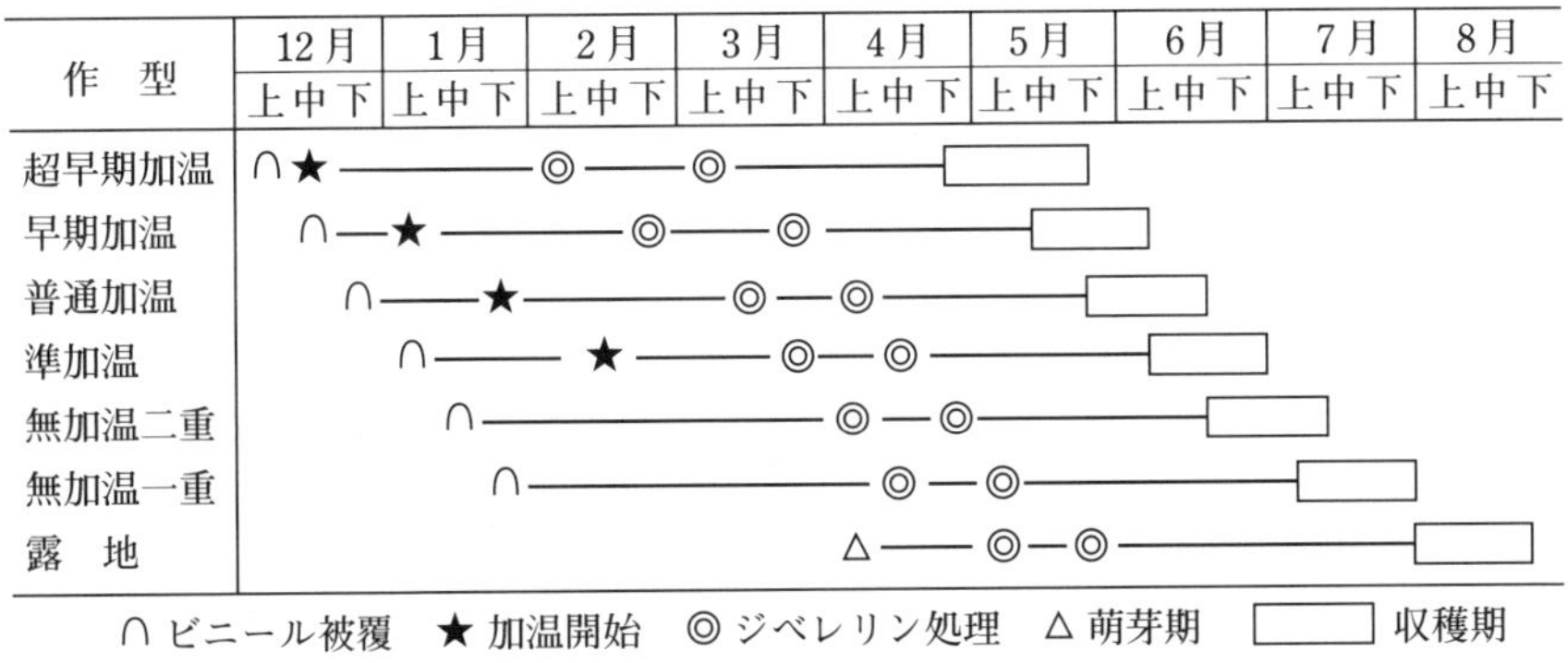

図63　デラウェアの作型（大阪府）

（柴尾，1998）

を受けるのは、二回目のジベ処理をした後の約一カ月間で、落花期から幼果期にかけての一時期だ。

こうした条件を念頭に図63をもう一度見てみよう。すると「普通加温」作型まではきわめて被害を受けにくいことがわかる。実際は「準加温」作型まではほとんど被害がなく、防除も必要ない。防除が必要になるのは「無加温」からで、この作型からときどき被害が発生する。チャノキイロが好きな植物が近くにあって恒常的に被害を受けているブドウ園や、長期予測で多発が予想される年は防除が必要になる。

しかし一番の問題は「露地」作型だ。チャノキイロの密度が急上昇する時期に幼果期を迎えるためこの時期の防除が欠かせない。

東北地方など寒冷地では六月上旬から寄生し始め、密度が高くなってくるのは七月下旬から八月上旬にかけてなので、防除時期は西南暖地より二カ月近く遅くなる。

■要防除水準が異なる大粒系品種

大粒系のブドウもデラウェアほどではないが、いくつかの作型がある。やはり落花期から幼果期にかけての被害が大きく、作型によって防除の要否が決まるのも、デラウェアと同じだ。落花期から幼果期にチャノキイロの多発時期が重なれば、要防除となる。

この時期に加害されると、被害痕が果実の肥大にともなって拡大し、穂軸がやられると脱粒を招く。防除が必要な作型では、通常二回は散布しないといけない。

大粒系がデラウェアと違うのは、幼果期以降も穂軸や果実が加害されることだ。ただし、黒色系の品種かそうでないかで被害の出かたは異なり、巨峰やピオーネなど黒色系では、多少の被害があっても傷がマスキングされ隠れてしまう。見た目が少し悪くなる程度なので、防除を省くことは可能だ。ふつう三回やる幼果期以降の防除のうち一回ないし二回は省ける。

逆になかなか省けないのが、被害痕が褐色となって後々まで目立つネオマスカットなど非黒色系のブドウだが、よほどひどくなるのでなければ、一、二回は省けるかもしれない。販売の仕方によって、外観のためだけの防除は省略できる。販売戦略上の個々の農家の経営判断次第である。

ブドウ ステップ2 農薬を使用しない防除法

前に述べたようにブドウのチャノキイロ被害は、ほかの植物で一世代を過ごして、増殖した世代が侵入して引き起こす。必要なのはこの増殖源の除去である。カンキツの場合と同様、チャノキイロに好適な樹種（第1章23頁表3）の防風林は改植するか、防風網に替える。それができない場合は七〜八月の増殖源になる副梢の摘心など、チャノキイロが繁殖しやすい部位をこまめに整理する。さらに、園内の越冬密度を抑えるため、落葉の処分、粗皮けずり、そして下草整理を行なう。これらはブドウ園で越冬する割合が高い寒冷地の場合、とくに重要だ。

施設栽培では、近紫外線除去フィルムを被覆すると侵入防止に役立つが、ブドウは紫外線によって着色しているので巨峰やピオーネなど黒色系のブドウには使用できない。用いるとすれば、ネオマスカットなど緑色系のブドウである。

ブドウ ステップ3 〝ただの虫〟を減らさない防除の実際

ブドウの場合、農薬を使わないでチャノキイロを防除するのはかなり難しい。といって、ブドウで登録のある薬剤はチャノキイロに限らず他の害虫に対しても、天敵や〝ただの虫〟への影響が大きいものが多く、あまり使いたくない。

その中で、チャノキイロが対象ではないが、間接的に用いてチャノキイロが苦手な〝ただの虫〟がごちゃごちゃいる環境づくりに役立つのが、スパイデックスとスパイカルというハダニ防除のための生物農薬、いわゆる天敵農薬だ。

ともにカブリダニの一種で、スパイデックスはヨーロッパや南米、オーストラリアに分布する有名なチリカブリダニ、スパイカルのほうは日本土着のミヤコカブリダニだ。これらは農薬に弱いので、チャノキイロやフタテンヒメヨコバイの防除の際にはカブリダニ類に影響が少ないコテツフロアブルやモスピラン水溶剤を用いる。ほかの天敵には多少影響はある。

このほか、施設栽培でハスモンヨトウの被害が毎年発生するところでは性フェロモン剤のヨトウコンHが利用できる。処理量は一〇a当たり五〇～一〇〇mで、ブドウ誘引用の針金を用いて棚面に固定する。一回処理することで三～四カ月効果が持続する（図64）。

ブドウ
ステップ4 防除の要否、効果の検証

ブドウでも黄色トラップによる捕獲が予察に有効である。ブドウでは棚下に吊すのがもっとも捕獲効率がよい。

害虫名	栽培型	休眠期	開花終期	幼果期	生育期後半（大粒系のみ）
チャノキイロアザミウマ	露地栽培*1		← 薬剤防除*2	→	(……→)
	施設栽培	栽培前に近紫外線除去フィルムの被覆，開口部に防虫網設置		← 薬剤防除*3	→
	共　通	落葉処分，粗皮削り，下草の除草管理，施設周辺の寄主植物除去	新梢が伸びすぎないように多肥を避け，副梢を整理		
その他の害虫	施設栽培	［ハスモンヨトウ］ヨトウコンHの設置［ハダニ類］カブリダニの放飼*4			

図64　ブドウにおけるチャノキイロの総合的管理　（柴尾，1998を改変）

＊1　デラウェアの無加温栽培を含む。

＊2　デラウェアでは黄色トラップの1日当たり捕獲数が，6月中～下旬：10頭以下，7月上旬：23頭以下，7月中旬：72頭以下では防除不要。休眠期および生育期の耕種的防除で，それぞの時期の防除が不要になることがある。防除には登録農薬のなかでも天敵密度の回復が早いコテツフロアブル，モスピラン水溶剤を用いるが，これらの薬剤が効きにくいところや，防除回数が2回以上に及ぶ場合は，天敵に少なからず影響するが，オルトラン水和剤やアーデント水和剤など異なった系統のものを組み合わせる。

＊3　大粒系の全作型。密度と被害の関係は大粒系では未検討だが，デラウェアより低い密度で防除が必要。薬剤は上のデラウェアの露地に準じる。

＊4　スパイカル（ミヤコカブリダニ），スパイデックス（チリカブリダニ）を使う場合，チャノキイロやフタテンヒメヨコバイの防除にカブリダニ類に影響の少ないコテツフロアブルやモスピラン水溶剤を用いる。

春先にブドウ園外から飛来する虫の数をつかんでそのピークを記録し、先にふれた有効積算温度を利用すれば、次の世代の発生ピークを大まかに予測することができる。すなわち、二五〇日度前後に越冬世代の飛来が見られ、五〇〇～六〇〇日度前後に第一世代成虫、七五〇～九〇〇日度前後に第二世代成虫が発生する。

大阪府立食とみどりの総合技術センターの柴尾学さんは、露地デラウェアで行なった実験の結果から、トラップを用いた防除の目安を示した。それによると、被害を「被害度(注)」二〇以下に抑えるには、四〇〇cm²のトラップに捕らえられる一日当たりのチャノキイロの数が、以下の数で防除すればよいとしている。すなわち、六月中～下旬は約一〇頭、七月上旬では二三頭、七月中旬では約七二頭である。この時期別防除密度は品種によって異なると考えられるが、ひとつの目安となろう。

直接密度を把握する方法として新梢をアルコール溶液や洗剤溶液で洗浄し、ティッシュペーパーなどでろ過後、実体顕微鏡下で虫の数を調べる方法がある。幼虫をおもに調べるにはこの方法が確実だ。もちろん、新梢を直接調べてもよい。

（注）被害度とは被害の程度を示し、被害程度を四段階（被害果粒率が、A：なし、B：二〇％以下、C：二一～五〇％、D：五一％以上）で調査し、一〇〇×（B＋3×C＋6×D）／｛6×（A＋B＋C＋D）｝の式で算出する。

●カキ●

カキ　ステップ1　防除の要らない時期を見つける

カキの被害の多くは外観を損なうもので、果実内部の品質への影響は少ない。したがって防除もその被害をどの程度まで許せるかによって異なる。

たとえば、果実の側部にリング状に被害が残るのを許容できれば、幼果期以降の防除はいらない。また、果梗部のガク周辺に生じる被害が許容できれば、果実肥大が緩慢になる時期以降の防除が不要だ。時期は東海地方で七月以降、東北では八月以降にあたる。

さらに、果皮のクチクラ層が厚くなって一〇μmを超えたら、チャノキイロがいても被害は生じない。品種によっ

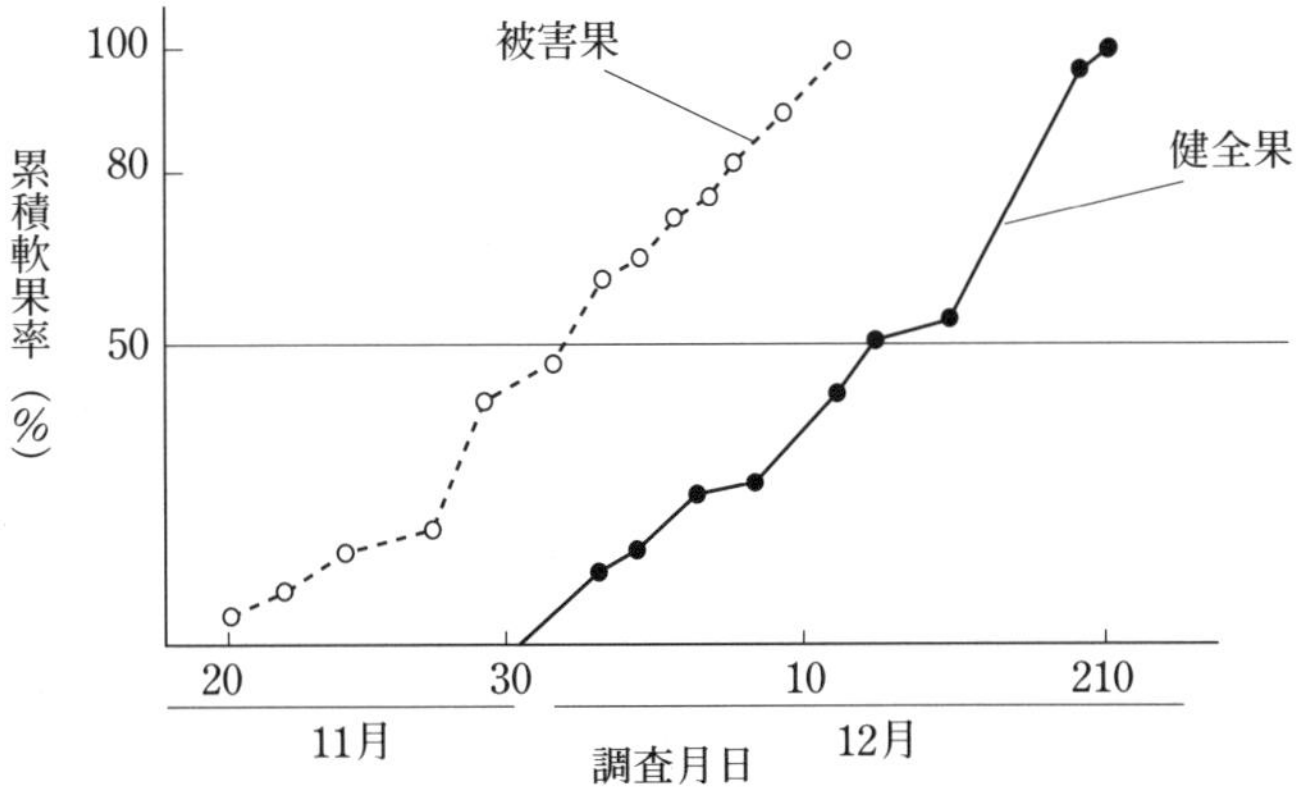

図65　チャノキイロアザミウマによるカキ（平核無）被害果の脱渋後における軟果発生状況　（阿部，1980）

品種は平核無（山形県）

て一〇μmを超す時期は異なるが、静岡県でいえば次郎でおよそ七月上旬、四ッ溝は八月上旬以降である。

ただ、落弁後〜幼果までに著しく加害されると果頂部に被害痕が黒く残ってコルク化し、市場流通での商品価値はかなり下がる。しかしカキの加害で重要なのはこの〝落弁後〜幼果まで〟で、これ以降の防除はやらなくてもよい。けずれる防除対象として考えることができる。

問題は平核無など脱渋を行なう品種で、果頂部からガク周辺に数本の被害が生じると脱渋処理後の日持ちが明らかに悪くなる（図65）。しかも、収穫時には気が付かなかった被害痕が、脱渋のアルコール処理をするなかで現われてくる。脱渋を要する品種はそうでない品種に比べて、被害許容程度は低いといえる（表13）。

また、平核無はクチクラ層の発達が悪いようで、チャノキイロが加害しても被害が出ない時期は八月下旬から九月上旬頃以降と遅い。さらに加害時期が早いほど被害も大きくなる。主要な防除時期は甘柿と同様だ。

表13　カキのチャノキイロ被害の品種間差異

品種名	被害程度	
	上田登四郎（1972）[*1]	福田二郎ら（1954）
平核無	甚	—
横　野	甚	—
田　倉	少	—
正　月	中	—
水　島	多	—
四ッ溝	少	—
西　条	少	少〜中
蓆田御所	多	—
袋御所	中	—
晩御所	少	—
一木次郎	少	—
前川次郎	少	—
若杉次郎	少	—
次　郎	少	多〜甚
甘百目	甚	—
禅寺丸	少	—
富　有	少	少〜中
松本早生	少	—
駿　河	少	—
会津身不知	—	多〜甚
甲州百目	—	多〜甚
祇園坊	—	少〜中

*1 上田が調査した被害度を区分し，被害度0〜5を「少」，5.1〜10を「中」，10.1〜20を「多」，20.1以上を「甚」とした

カキ　ステップ2　農薬を使用しない防除法

カキは発芽が早く、チャノキイロの越冬成虫はカキの葉に産卵するが、周囲の植物にも産卵している。カキでも、周辺の好適な寄主植物の除去は大事な作業だ。

■園内密度を下げる粗皮けずり、徒長枝処理

寒冷地はカキ園で越冬するチャノキイロの割合が多い。冬季の粗皮けずり、落葉の除去が、越冬密度を下げるのに役立つ。

粗皮けずりはかなり面倒な作業だが、カイガラムシ類やカキノヘタムシガ、カキクダアザミウマも同時に防除できる。ただし、けずり取った粗皮を樹の下などに放置すると、チャノキイロの蛹や成虫、コナカイガラムシなどが潜り込んでそのまま冬を越してしまう。かえって逆効果になる。粗皮けずりの効果をちゃんと出すには、下にシートを敷いて、粗皮は園外にもち出すことだ。

また、七月頃に繁茂する徒長枝はチャノキイロの絶好の増殖場所になるので、ブドウの副梢と同様に整理する。日照量の確保、そして炭そ病の予防にもなる。

カキの着色時期を早めるために、九月上旬の着色開始時期に反射シートを樹の下に設置する技術がある。資材としてタイベックなどを使用する。その時期だけではチャノキイロの防除にならないが、ほかの時期、とくにチャノキイロの被害がはなはだしい幼果期に反射シートを設置することで被害防止が期待できる。

しかし、反射シートからの反射光で日焼け果が多くなるおそれがあり、防除技術として確立するために資材の種類も含めもう少し検討が必要である。

カキ　ステップ3　〝ただの虫〟を減らさない防除の実際

チャノキイロの防除薬剤は天敵に影響のある薬剤が多い（79頁表9参照）。残効性のある薬剤なら、なるべく果実中心に散布し、天敵などを保護するようにつとめる。

ほかの害虫に対する防除の際も天敵や〝ただの虫〟に影響のない薬剤を最優先で選択する。何度もくり返すが、そのことがチャノキイロの防除を容易にする。

まず考えたいのは、マシン油乳剤の散布だ。フジコナカイガラムシなどカイガラムシ類と、ハダニ類を防除できる。マシン油をフジコナカイガラムシ

に使うのは、それ以外の登録農薬が有機リン剤やネオニコチノイド剤など、天敵などに影響の大きいものが多いためだ。

　コナカイガラムシは複数の個体が折り重なるようにしている。下のものにはマシン油は届きにくいので、散布の際には前もって粗皮けずりを実施して密度を落としておく。

　ガの防除にはＩＧＲ剤がある。カキノヘタムシガにはノーモルト乳剤やデミリン水和剤、アタブロンＳＣが有効。ノーモルトはイラガ類に、アタブロンはハマキムシ類にも登録がある。カキノヘタムシガ、イラガ類には、やはり天敵にやさしいＢＴ剤のチューリサイド水和剤、バシレックス水和剤、ダイポール水和剤が使用できる。

　ヒメコスカシバは幼虫が樹皮下に生息していて防除しにくいが、性フェロモン剤のスカシバコンが有効だ。ただし、設置面積が狭いと防除効果が劣るので三〇ａ以上で用いる。

　天敵にやさしい防除の前に大きく立ちはだかるのが、カメムシだ。害虫としての位置づけはカンキツ以上になる。越冬成虫による六月中旬〜七月の加害と、新成虫による八〜十月の加害で大きなダメージを果実に与える。しかも、効果のある農薬はネオニコチノイド剤や合成ピレスロイド剤、有機リン剤と、天敵にとって天敵というような農薬ばかりである。

　カメムシは毎年必ず多発するわけではないので、発生予察情報に注意しておいて、いざというときにネオニコ剤主体で防除する。

カキ　ステップ4　防除の要否、効果の検証

カキ園でも黄色粘着トラップが有効だ。春先の飛来と増殖期の密度がわかる。

　カキはチャノキイロの好きな植物で、東北地方など寒冷地ではカキ園で越冬している個体も多い。しかし暖地では、多くはカキ園以外で越冬している。園内外で育ったチャノキイロが一緒になって、時期になると幼果を襲うのがカキ被害の特徴だ。

　春先のモニタリングは重要だし、増殖期は増殖期で、トラップの捕獲虫数がほぼ正確に園内の密度を反映している。残念ながら、トラップに何頭捕獲されれば防除するというような基準はまだわかっていないが、有効積算温度による発生予測とトラップの両方を利用して、次のような判断ができる。

　発生予測ではピークはまだ先なのに、トラップ捕獲数が多くなったら要注意。逆に、発生ピークが近いのに捕獲数が非常に少ない場合は、防除を先

延ばしする、という判断だ。つまり、大きな傾向を発生予測で行ない、その微調整、最終判断を、現地のトラップモニタで行なうのである。またトラップ調査は防除後の効果判定にも使用できる。さらに、最近問題となっている着色期の被害をもたらすネギアザミウマやミカンキイロアザミウマも黄色のトラップに誘引される。

防除の要否に使えるトラップの設置をお勧めする。園内基数や設置の高さなどは、ミカン園の場合と同様である。なお、カキの葉や果実を見て虫数を数える方法もあるが、労力がかかるだけでお勧めできない。

●その他の作物●

以上の作物のほか、イチゴやナシ、マンゴウ、アジサイ、トルコギキョウ、シキミ、バラなどにチャノキイロの被害がある。これらの対策はどうすればよいのかを最後に見ておこう。

■初期被害以外は防除対象外

イチゴやナシ、アジサイでは、被害がはなはだしいと葉の生長が抑制されるが、それほど深刻ではなく、実害は少ない。いっそのこと防除しないことをお勧めする。防除するにしても、農薬は基本的に用いない。とくにイチゴでチャノキイロに登録のある薬剤はない。

バラやトルコギキョウの葉は収穫まで柔らかく、チャノキイロが加害し続ける。早い時期ほど被害は激しいが、ある程度、展開してしまったら多少傷があっても防除は不要だ。

シキミでは葉が硬くなってから以降もチャノキイロの寄生が見られるが、激しい被害が現われるのは開葉初期までに限られる。それ以降は茶色の傷が付く程度で、ほとんど商品性に問題はないだろう。

マンゴウについては、八～九月の夏秋梢への被害が翌年の果実の出来に影響するおそれがあるようだが、よくわかっていない。果実への被害はない。

■寄主作物から遠ざけるのが防除の基本

基本は、やはりチャノキイロの好適な植物を周囲から除く。とくに、イチゴの場合ほかの方法がないので重要だ。逆にチャ園の近くを避けるなど、被害のある作物の栽培や育苗の場所を選ぶことも大事だ。

また、これらを栽培するハウスの中に、ほかの観葉植物や野菜などを植えたり、持ち込んだりしない。23頁の表3をもう一度チェックしてほしい。チャノキイロの好適な寄主作物は表に示したものだけある。

施設栽培ではハウス内への侵入を極力防ぐ。一mm以下の網目の防虫網か、チャノキイロが嫌うアルミ蒸着フィルム混紡ネットを開口部に設置する。細かい目の防虫網はミカンキイロアザミウマなどほかのアザミウマ類、コナジラミにも有効だ。

薬剤はこれらの作物に登録されたものは少ない。花き類と観葉植物で、オルトラン粒剤と同水和剤やマンゴウのアドマイヤー顆粒水和剤がある程度だ（アザミウマ類として）。もっともこれらの作物は果樹やチャと異なり、少し虫が付いただけでも商品価値を落とし、信用まで失う。そのためふだんから防除圧が高く、チャノキイロも含め多くの生物が生息できる環境にないが、栽培しているキクなどを見ていると、少し防除しなければ害虫も発生するが、天敵もやってくる。そういう意味では、防除はなるべく天敵にやさしいほうがよく、オルトランでいえば粒剤を選びたい。もちろん、密度が高かったり、速効性を期待する場合は水和剤だが。

■やはりトラップは有効

バラやトルコギキョウにはチャノキイロだけでなく、動きをつかむべき多くの害虫が存在する。ミカンキイロアザミウマしかり、コナジラミしかりである。ここでも黄色粘着トラップは有効で、この三種のほか、アブラムシ類の発生もつかむことができる。

トラップの位置は草丈の高さがもっとも効率いいが、作物の生長に合わせて、高さを変えなければいけない。そうしてもいいが、面倒なら一〜一・五mの高さで固定しても構わない。ただ、施設内でコナジラミを予察するときは二m以上にしたほうが捕獲効率はよい。

4　減らした薬剤を的確に効かす

天敵にやさしい薬剤でも、必要以上にかければ〝ただの虫〟には迷惑だ。かえってその効力を殺《そ》ぐことにもなりかねない。

減らした薬剤を的確に効かすことも、〝ただの虫〟を活かす防除空間づくりにはとても重要だ。

■雑な防除が天敵や〝ただの虫〟を殺す

農薬がもっともよく効くのは、細かな粒子が均一に作物上に付着した状態である。これを時間が早いからとノズルを外して、鉄砲水のようにかけるひとがいるが、けっしてよくない。

まず、適正な散布より付着率が悪い。ということは、適正な散布量より多くかけるか、付着率の適正なところが少なくなっているか、どちらかだ。

前のケースでは目的とするところ以外に薬液が流れ、コストを無駄にしているばかりか、その目的外の薬液がカンキツやブドウなどの樹冠下や、チャの樹冠内部にいる天敵や〝ただの虫〟に、必要以上の悪影響を及ぼしてしまう。

あとのケースでは、散布むらによって効果のある農薬を使っても、実質的な防除効果はかえって落ちる。どちらにしても百害あって一利なし、なのである。

■動噴の最適噴霧圧に注意

適当な農薬付着を実現するうえで大事なのが、動噴の噴霧圧だ。ノズルが最適の粒子を作り出すには、吹き出し圧力の調整を正しく行なう。

噴霧圧は、ホースの太さ、長さによって変化する低下圧力（①）、散布位置が動噴より高い場所にくることによる低下圧力（②）、それにノズルの使用適正圧力（③）の三つによって変化し、①②③を足した合計が適正な吹き出し圧力（ノズル先端圧）となる。

これが十分でないと薬液の粒子が粗くなり、葉や果実の上を流れてしまう。逆に高圧すぎると粒子が細かくなって、葉上の細かい毛に乗ってしまう。薬液は乾きやすく、風にも吹き飛ばされてしまう。散布の際のドリフトも多い。どちらも十分な散布効果が得られないのである。ことさら高圧でかけるよりある程度圧力をしぼって散布したほうが、薬液量は多少減っても効果はそう変わらないものである。また、ていねいな散布もできる。

ただ、現実に噴霧圧の調節をその場その場でベストにもっていくのは難しい。動噴の性質もあるし、散布時の風向き、強さ、作物の状況など、機械以外の条件に左右されるからだ。そこで必要なのが観察力。散布後の薬液の付着具合と防除効果とをくり返し検証して、経験を重ねていって慣れるしかない。

近年、静電散布や煙霧散布といった機械も開発されている。静電散布というのは、噴霧した農薬の粒子を帯電させて、植物に吸い寄せられるように付着させる方法である。これまでは施設内で使われるものだったが、静岡県農業試験場では現在、露地で使用できる静電散布器を開発中だ。近いうちに実用化するはずだ。

■展着剤は要らない

チャやカンキツの葉や果実は濡れがよく、展着剤は必要はない。使うとすれば、短い毛が生えている初期状態の葉に、水和剤を散布する場合。乳剤は展着剤の成分の界面活性剤が含まれているので、同じ状態でも単用で十分である。水和剤と乳剤を混用する場合も展着剤は不要だ。

■農薬の混用は避ける

農薬を混用すると、①水和剤の凝集、フロアブル剤の分散性低下、イオン系農薬の凝集沈殿など物理性の変化、②アルカリによる加水分解や金属の置換による分解など有効成分の化学的変化、③生物活性の変化などのため、防除効果がおちる場合がある。できるだけ混用は避けたいが、少なくとも、手散布による局所防除や、機械で散布するSSやスプリンクラーによる防除では単用で行なうのが農薬の効果を高くするコツだ。

■散布はここをめがけて

防除のポイントは、端的に言えばチャノキイロがいる場所である。カンキツやカキでは果実のヘタの部分、チャでは新芽に散布を集中させる。とくに葉裏にはよく付着するように散布する。ブドウでは新梢と果実の両方にかかるように散布する。とくに、棚の上に伸びた新梢での密度が高いので、ここに薬液がかかるようにすることがコツになる。

J

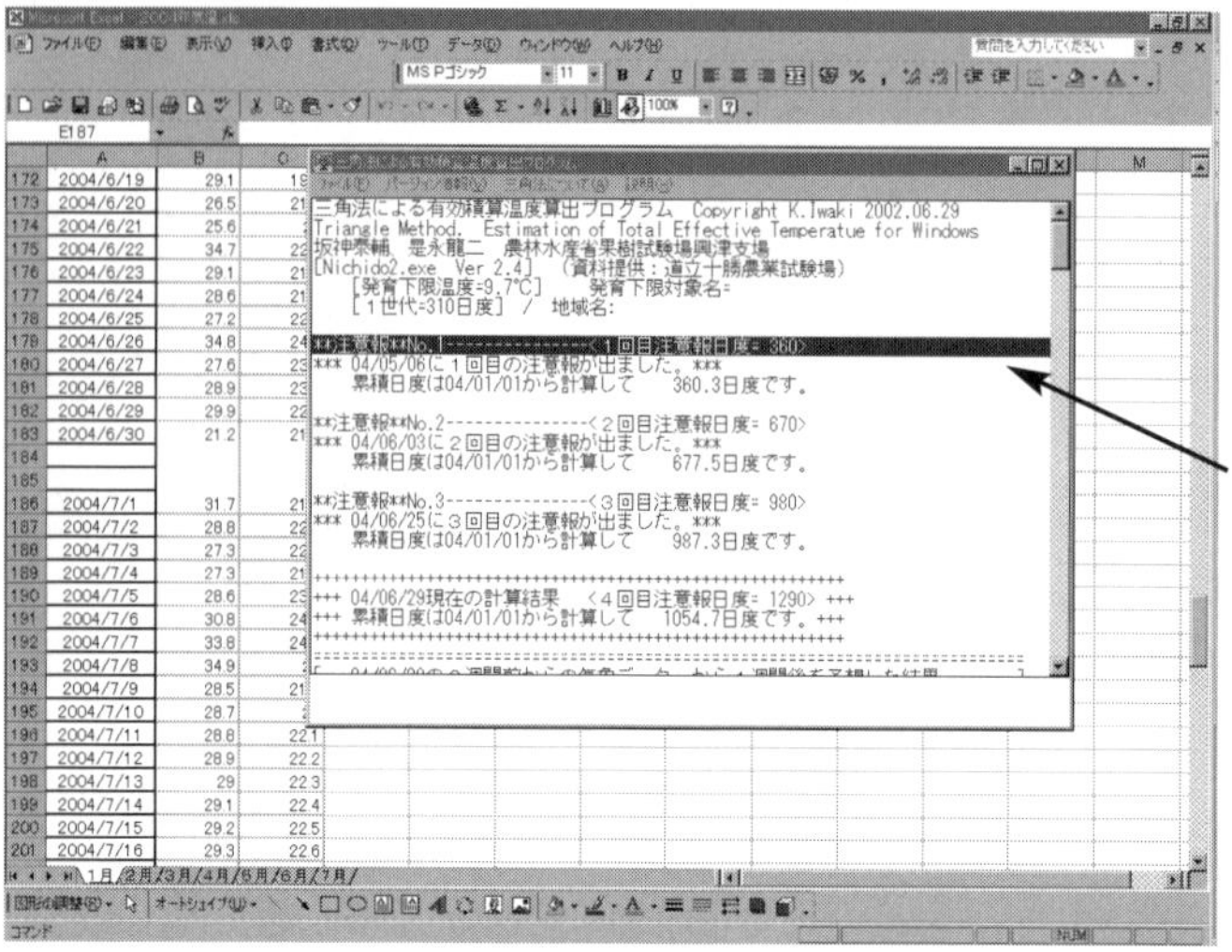

積算温度が自動計算されて，発生日の注意報がでる

すべてを入力すると，計算結果が表示される（図J）。

この例でいえば，1月1日を起点にして第1世代の発生ピークが360日度前後の「04／05／06に1回目の注意報が出ました」となっている。以降，310日度ごとに成虫発生のピークが示されるので（2回目の注意報は「04／06／03」，3回目は「04／06／25」に出ている），これを目安に防除じたくを整える。

また，計算データじたいを「ファイル」－「コピー」して表計算ソフトに移して利用することもできる。

以上が有効積算温度算出プログラムの使い方である。

日付，最高温度，最低温度の範囲を指定してコピー

Nichido2.exe を開き，「ファイル」－「貼り付け」を選択

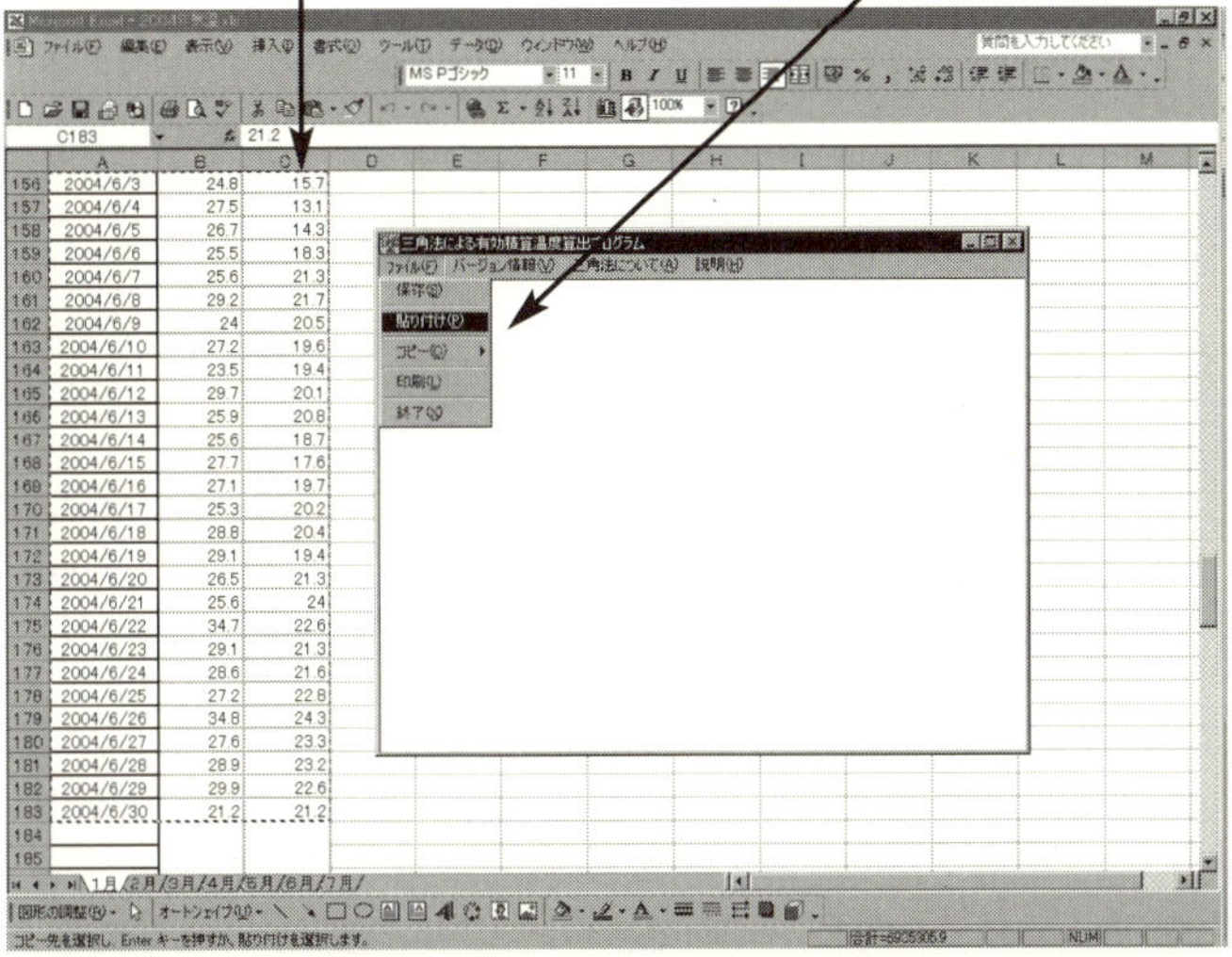

H

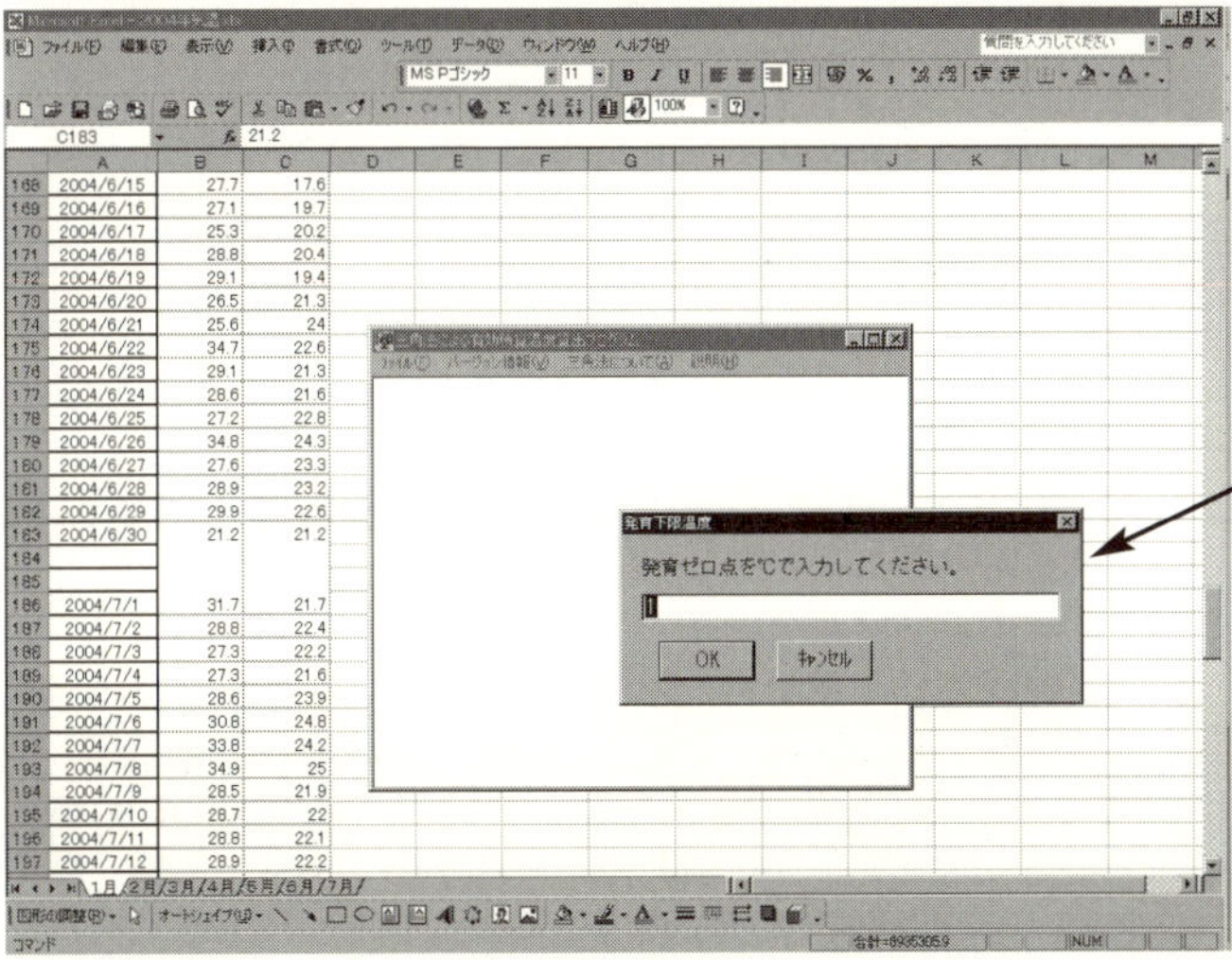

I

順次答えていく

④すると，入力ボックスが順次出てくるので，下記の値を入力する（図Ｉ）。

・発育下限温度9.7℃

・発育下限対象名そのままでＯＫ

・地域名　そのままでＯＫ

・１世代の日度数　310

・第１回目の注意報日度数　360

③次の画面で「利用規程に同意します」をクリック。

④すると「iwaki farm 農業用自作F-BASIC プログラム実行型の紹介」というタイトルの画面が出る。下へスクロールして，目的の「三角法による有効積算温度の算出プログラム（F-BASIC V6.3)」が現われたら（図G），「ダウンロード」をクリック。

⑤Vectorというソフトライブラリー（さまざまなフリーソフトが提供されている）の画面に切りかわり，ここからプログラムを適当なフォルダにダウンロードする。そのための格納用フォルダを，あらかじめつくっておくとよい。

なお，このプログラム保存の際，「ファイルによっては，コンピューターに問題を起こす可能性があります。……」という警告が出ることがあるが，そのまま保存をクリックしてかまわない。

⑥ダウンロードした「Nichido24 .exe」をエクスプローラで表示し，ダブルクリックして解凍する。解凍先を先に作成したフォルダとし，その中に展開する。フォルダに「Nichido2.exe」「Nichido2.ico」「nichido2.txt」の３つのファイルがあるのを確認して，これでインストールは終了。「Nixhido2.exe」をダブルクリックすれば有効積算温度の計算ソフトが起動する（使用する前に「Nichido2.txt」はよく読んでおく）。

❹ 有効積算温度の計算の実際

では，実際にこの計算ソフトを使って有効積算温度を計算してみよう。

①２で紹介した気温の実測データを日付，最高気温，最低気温の順に表計算ソフト上に展開する（図E）。

②さらに予測期日まで必要なデータを，１で紹介の平年データからコピーして，実測データのあとに展開する。

この際，日付は表示形式で「****／**／**」を選ぶ。日付の一番最初のセルを「2004／1／1」と入力し，カーソルをそのセルの右下に合わせて一番下のセルまでドラッグすれば，一括変換で連続した日付が入力できる。

③以上の，日付，最高気温，最低気温のデータをエクセルなど表計算ソフト上で選択しコピーしたうえで，「Nichido2.exe」を起動し，「ファイル」―「貼り付け」をクリックする（図H）。

❸ 計算ソフトの入手

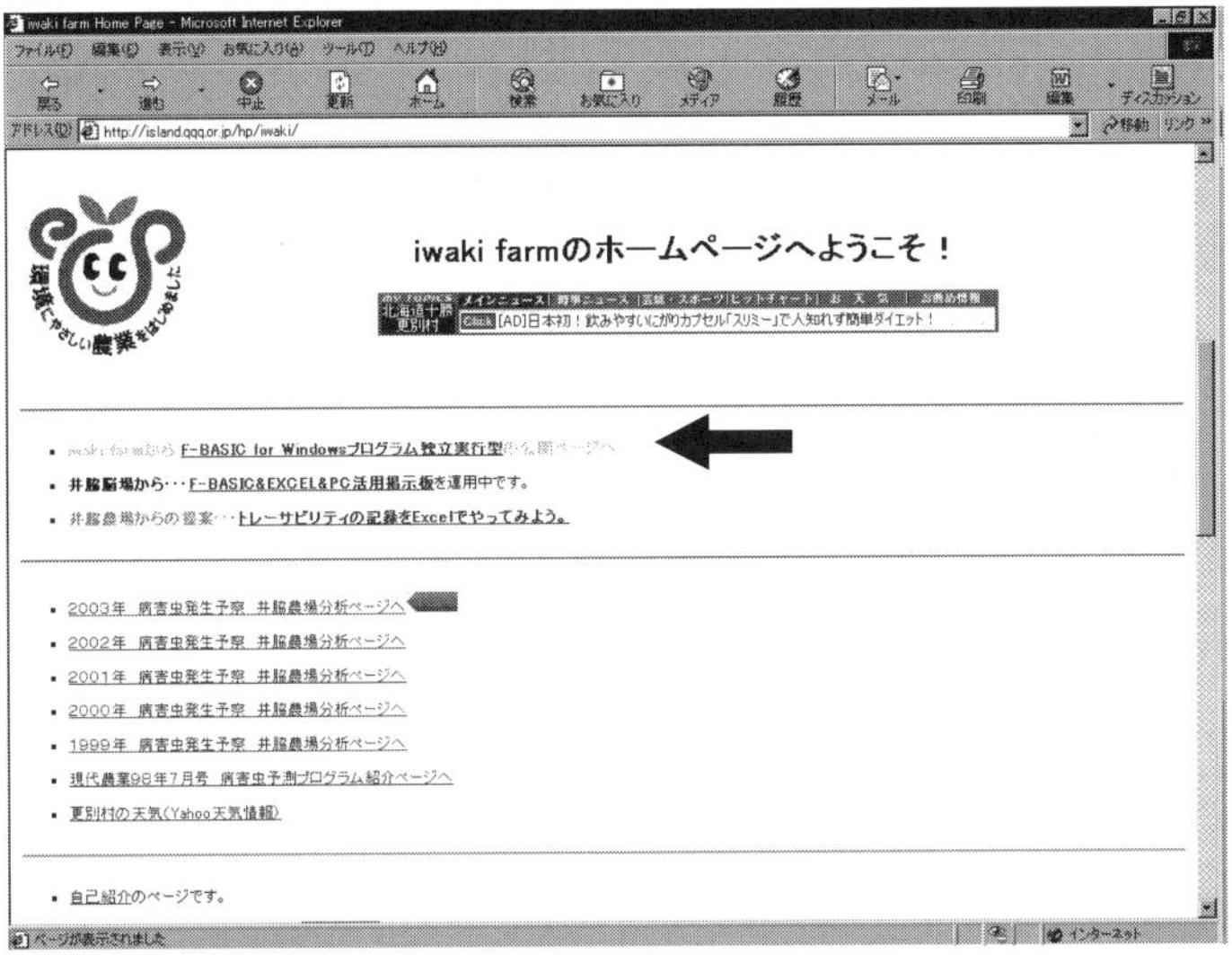

F

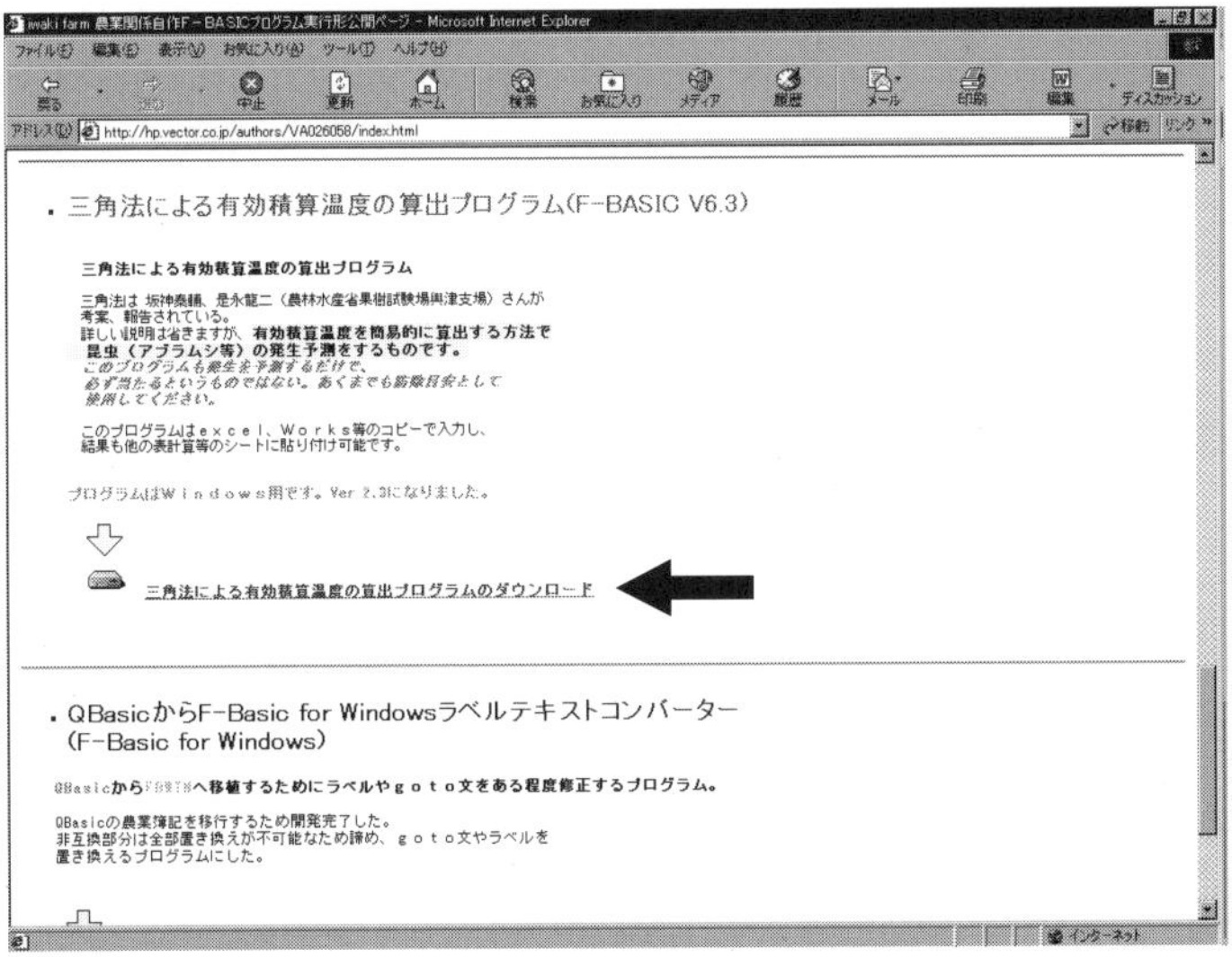

G

①まず，井脇健治さんのホームページを開く（http://island.qqq.or.jp/hp/iwaki/）。

②図Fの画面が現われるので，「iwaki farmからF-BASIC for Windowsプログラム独立実行型の公開ページへ」をクリックする。

E

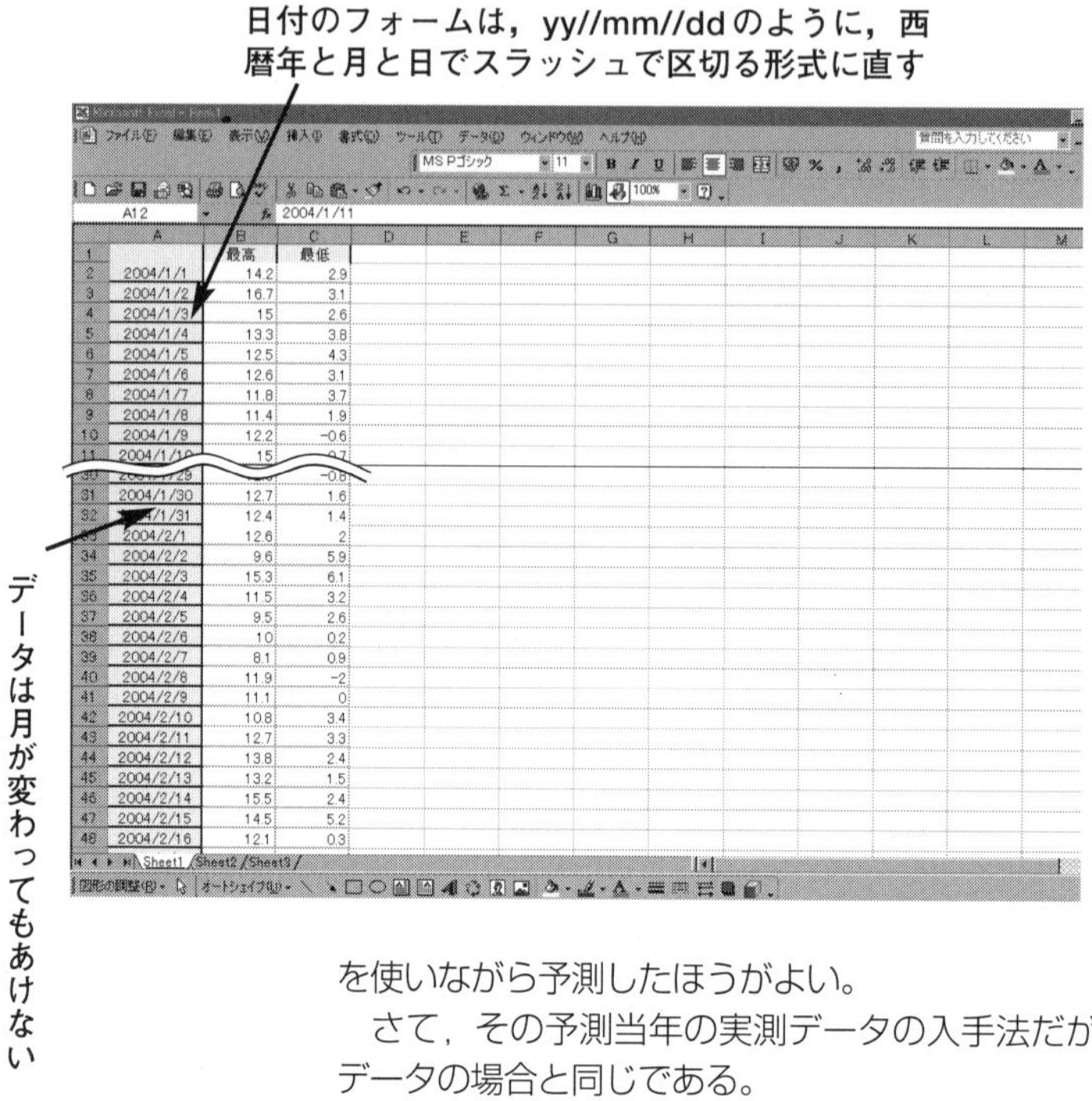
日付のフォームは，yy//mm//ddのように，西暦年と月と日でスラッシュで区切る形式に直す
データは月が変わってもあけない

を使いながら予測したほうがよい。

さて，その予測当年の実測データの入手法だが，基本は平年データの場合と同じである。

①まず図Cの画面に戻って，「データ」のボックスから「1カ月の毎日の値」指定する。

②次いで「▼年」と「▼月」を選んで検索ボタンをクリックする。このとき，「年」は最新年を選ぶが，「月」は1月から始めて実測値が得られるぎりぎりの直近月までを選ぶ。先の例でいえば，5月ぶんまでを選ぶ。

③平年データを得たのと同じように，各月の一覧表からエクセルなど表計算アプリケーションにテキストコピーする。

なお，データの貼り付けは同1シートに行間をあけずに行なう。1月31日のデータのあとに続けてすぐ，2月1日からのデータを貼り付ける（図E）。以上である。

では，こうして得た気温データを使って発生予測を行なうための計算ソフトのダウンロードとインストールについて次に見てみよう。ここでは井脇健治さん作成による「三角法による有効積算温度の算出プログラム」を紹介する。

検索結果 - Microsoft Internet Explorer

静岡(静岡県)
緯度: 北緯34度58.5分／経度: 東経138度24.2分
気象台・測候所　平年値(日)

07月

単位 統計期間 資料年数	平均気温 ℃ 1971～2000 30	最高気温 ℃ 1971～2000 30	最低気温 ℃ 1971～2000 30	降水量 mm 1971～2000 30	日照時間 時間 1971～2000 30	積雪の深さ日最大 cm 1971～2000 30
1日	23.6	27.2	20.7	11.7	3.8	
2日	23.8	27.3	20.8	11.6	3.9	
3日	23.9	27.5	21.0	11.6	4.0	
4日	24.1	27.7	21.1	11.6	4.0	
5日	24.2	27.9	21.3	11.6	4.1	
6日	24.4	28.1	21.4	11.5	4.2	
7日	24.6	28.2	21.6	11.4	4.2	
8日	24.7	28.4	21.7	11.3	4.2	
9日	24.9	28.5	21.9	11.2	4.2	
10日	25.0	28.7	22.0	11.0	4.3	
11日	25.1	28.8	22.1	10.9	4.3	
12日	25.2	28.9	22.2	10.6	4.3	
13日	25.3	29.0	22.3	10.3	4.4	
14日	25.4	29.1	22.4	10.0	4.5	
15日	25.5	29.2	22.5	9.7	4.6	
16日	25.6	29.3	22.6	9.4	4.7	
17日	25.6	29.3	22.6	9.0	4.8	
18日	25.7	29.4	22.7	8.6	4.9	
19日	25.8	29.5	22.7	8.2	5.1	
20日	25.9	29.6	22.8	7.8	5.2	
21日	25.9	29.7	22.9	7.5	5.3	
22日	26.0	29.8	23.0	7.2	5.5	

D

⑥一覧表のデータをすべてテキストコピーして，エクセルなど表計算アプリケーションに貼り付ける。この操作を１月から12月までくり返す。一覧表の右上に，翌月へ移動できるボタンがあり，これをクリックして変更するとよい。

⑦データのうち使うのは「最高気温」と「最低気温」だけなので，他の項目のデータは削除する（「最高気温」と「最低気温」だけ選んで最初にコピーできればよいが，できないので，面倒だがすべてをコピーして貼り付けたうえで，削除する）。

❷ 予測当年のデータを得る

次に発生予測する当年の実測値を入手しよう。

害虫の発生予測のベースになるのがこの実測値だ。実測データが得られない期間を，平年値で補うのである。たとえば，５月初旬に６月末までの発生予測を試みたとする。仮にその日が５月３日だとすると，実測値は当然ながら５月２日までしかない。しかし予測には６月末までのデータが必要である。この約２カ月ぶんのデータを平年値から借りるのである。

長期予報で高温が予測がされれば入力データに若干上乗せし，逆の場合は低めに入力するが，少し専門的にわたるので，平年データのまま計算して，心づもりとしてそれより少し早めに発生予測したり，遅めに見積もっておくのでも十分だ。

いずれにしても，あまり遠い先までを予測するより，次の世代の発生はいつなのかをはかるぐらいで，なるべく実測データ

B

C

③そこから自分のほ場にもっとも近い観測地点を選ぶ。メニューから選んでもよいし，地図上で選んでもよい。

④次に「▼データ」のメニューから「平年値（日）」を指定。その隣の「▼年」のボックスはとばして，「▼月」のボックスで「1月」を選ぶ。

⑤以上を行なったら右端の「検索」ボタンをクリック。すると，指定した条件のデータが一覧表で表示される（図D）。

◆有効積算温度からわかるチャノキイロの発生予測のやり方

❶ 平年値を取得する

まず，発生予測に必要な気温データ（最高温度と最低温度）の入手方法から説明しよう。

データは最寄りの気象台で閲覧してコピーしてもよいが，ここでは気象庁ホームページ上にある電子閲覧室にアクセスして入手する方法を紹介する。

A

①気象庁のホームページ（http://www.jma.go.jp/JMA_HP/jma/index.html）を開き，「過去の観測データ（―電子閲覧室入口―)」とあるボタンをクリックする（図A）。

②電子閲覧室が開いたら（図B)，「検索内容選択」で「▼地域」を指定する（北海道は支庁別。他は都府県別になっている)。プルダウンメニューから選んでもよいし，日本地図の上をクリックしてもよい。すると，下の地図が都府県（北海道は支庁別）の表示になる（図C)。赤い表示のあるところが温度の観測地点である。

あとがき

新しい害虫が海外から侵入したり、原因不明の被害を引き起す害虫が判明したりすると、がぜん研究が活気づくものである。私が約二〇年前、静岡県柑橘試験場で竹内秀治氏や松永良夫氏のあとを承け、故西野操博士、古橋嘉一博士に指導されながらチャノキイロアザミウマの研究を始めた頃がちょうどそんな状況で、各地でも盛んに防除研究が行なわれていた。全国のカンキツ研究者が集まる成績検討会でも熱い議論が交わされ、個々の研究発表に対してもかなりきびしい意見が発せられた。いま思えば、このとき鍛えられた経験が貴重であった。似たような事情はカンキツだけではなく、チャ、ブドウ、カキでもあり、本書はそうして得られた多くの研究者の厖大な知見と私自身の経験をもとにまとめたものである。

本書を執筆するにあたり村井保博士（独立行政法人農業技術研究機構果樹研究所）、柴尾学博士（大阪府食とみどりの総合技術センター）、小杉由紀夫氏（静岡県農業試験場）、増井伸一氏（静岡県柑橘試験場）に多くのご教示を受けた。また、北海道の井脇建治氏には有効積算温度の計算プログラムの掲載を快く承諾していただいた。元静岡県農業試験場の池田二三高氏には多くの写真を拝借した。さらに、多くの研究者の成果を引用させていただいた。ここに心から厚くお礼申し上げる。

最後になったが、本書を書く機会を与えていただくとともに、「最初の読者である私を納得させてください」と多くの指摘をいただいた農文協編集部に感謝する。それらの指摘なくして本書の姿はなかったと思う。また、その過程でわかっていないことがまだたくさんあることに気付かされもした。機会があれば、残された問題を解決したいと思っている。

著者略歴

多々良　明夫（たたら　あきお）

1954年静岡県生まれ。大阪府立大学農学部卒業。静岡県西部農業改良普及所，同柑橘試験場，同茶業試験場などを経て，2004年4月より同農業試験場企画経営部勤務。

著書に『昆虫の飼育法』（分担執筆，日本植物防疫協会）『農業総覧 病害虫防除・資材編』（共著，農文協）『天敵利用で農薬半減』（共著，農文協）など。

農学博士，技術士（農業部門）。

おもしろ生態とかしこい防ぎ方
チャノキイロアザミウマ

2004年9月30日　第1刷発行

著者　　多々良　明夫

発行所　社団法人　農山漁村文化協会
郵便番号　107-8668　東京都港区赤坂7丁目6－1
電話　03(3585)1141(営業)　03(3585)1145(編集)
FAX　03(3589)1387　振替　00120(3)144478
URL http://www.ruralnet.or.jp/

ISBN4-540-03248-8　DTP製作／新制作社
〈検印廃止〉　印刷／（株）新協

製本／根本製本（株）
Printed in Japan　定価はカバーに表示
乱丁・落丁本はお取り替えいたします。